“十三五”普通高等教育规划教材
21世纪高等院校艺术设计系列实用规划教材

服装创意设计

陈　莹　丁　瑛　王晓娟　编著

内 容 简 介

本书为编者20余年教学工作的经验总结。本书表述了服装创意设计的基本概念和分类，从服装创意设计基础理论、成衣类服装创意设计、艺术表演类服装创意设计、流行趋势主题表现类服装创意设计、服装创意设计灵感的捕捉，以及服装创意设计的能力培养几大块内容进行了较为广泛而深入的阐述。本书与以往出版的该课程教材相比，更突出对学生从事服装设计的创新精神和创造能力的培养，同时也更符合知识经济时代对服装设计人才提出的新要求。

本书可作为高等院校服装艺术设计、服装设计与工程等专业的“服装设计”类课程教材，也可作为广大从事服装设计和相关领域工作人员及服装设计爱好者的参考用书。

图书在版编目(CIP)数据

服装创意设计/陈莹，丁瑛，王晓娟编著．—北京：北京大学出版社，2012.10
(21世纪高等院校艺术设计系列实用规划教材)
ISBN 978-7-301-16791-5

I. ①服… Ⅱ.①陈…②丁…③王… Ⅲ.①服装设计—高等学校—教材 Ⅳ.①TS941.2

中国版本图书馆CIP数据核字(2012)第205531号

书　　名：服装创意设计
著作责任者：陈　莹　丁　瑛　王晓娟　编著
策 划 编 辑：孙　明
责 任 编 辑：孙　明
封 面 原 创：成朝晖
标 准 书 号：ISBN 978-7-301-16791-5/J · 0458
出 版 者：北京大学出版社
地　　址：北京市海淀区成府路 205 号 100871
网　　址：http://www.pup.cn　http://www.pup6.cn
电　　话：邮购部 010-62752015　发行部 010-62750672　编辑部 010-62750667
电 子 邮 箱：pup_6@163.com
印 刷 者：北京宏伟双华印刷有限公司
发 行 者：北京大学出版社
经 销 者：新华书店
787mm × 1092mm　16 开本　12.5 印张　288 千字
2012 年 10 月第 1 版　2021 年 7 月第 4 次印刷
定　　价：62.00 元

前　言

这是一个“创意经济”时代！它表达出的是知识经济社会中人的思维价值的创造。最伟大的创意都是和生活的脉搏紧密联系在一起的。乔布斯以自己的创意深刻且全面的改变了世界、改变了人们的生活；马克奎恩以超越时空的创意颠覆了传统的审美观念、改变了人们的着装方式。

创意经济时代的来临，使创意成了个人与组织的核心竞争力。经历了席卷全球的经济危机，经历了大发展之后对中国可持续发展的理性思考，人们更加清楚地认识到将“中国制造”转变为“中国创造”是中国今后发展的必然方向，是实现中华民族伟大复兴的必由之路。而“创意设计”和“技术创新”则是转轨前行战车的两个有力的助推车轮。对于服装设计领域而言，其属于时尚创意产业的范畴，更是处于先履先行的位置，着力推行品牌发展战略，强化服装创意设计，培育服装设计创新人才是实现转型发展的关键之所在。2009年8月27日，原中国纺织工业协会会长、中国服装协会会长杜钰洲与法国高级时装公会主席迪迪埃·戈巴克在北京围绕着推动当代中国创意力量发展的主题，进行了一场高端对话。杜钰洲指出：“就目前的情况来看，中国的设计力量有所提高。但是，中国服装业的文化创造力，软实力仍然比较弱，提升难度更大。现在是呼唤设计师创意的时代。”而本书正是基于对以上系列问题的思考而定位并展开撰写的。

与以往的《服装设计学》教材相比，这本《服装创意设计》教材更加注重将服装设计基本知识、原理、方法从创意学的角度加以阐释；更加突出对学生创造性思维和创造能力的培养；更加倾向于对“教”与“学”融合互动的促进；更加强调以服装创意设计案例和教学案例进行分析、阐述，激发学习者的兴趣爱好，调动其学习积极性。本书的具体特点，在书中第一章概论部分有专门的表述。

本书由陈莹策划、领衔编写，并与丁瑛、王晓娟两位青年教师合作共同撰写完成。其中第一章“概论”、第二章“服装创意设计基础理论”由陈莹执笔；第三章“服装创意设计训练”、第四章“服装创意设计灵感的捕捉”由丁瑛执笔；第五章“服装创意设计能力的培养”及第三章中的“流行趋势主题表现类服装创意设计”单元由王晓娟执笔。本编写团队成员间彼此密切沟通、达成一致、分工协作、相互促进、合作成功。两位青年教师认真投入，反复修改，精益求精的精神，以及新鲜活跃的思想使人印象深刻，从她们身上笔者学到了许多东西。此外，对为本书提供设计作品的陈城倾、张又川、孟雨薇、邱晓璐同学表示感谢。

希望本书能够给予读者以启迪和帮助！由于编者的水平有限，本书的撰写存在着许多不足之处，也期待能够得到广大读者的批评指正！

陈 莹

2012年8月

目　录

第一章　概　论

【教学目标】

通过本章的学习，使学生明确学习方向，建立起对学习该课程的兴趣；调动起学生学习的积极性，为接下来的学习打下思想认识上的基础，做好各方面的准备。

【教学要求】

(1) 了解服装创意设计所涉及的内容。

(2) 增强对所涉及的基本概念和知识总体的认识。

(3) 明确该课程学习的重要性。

【知识要点】

(1) 有关服装创意设计的基本内容和概念。

(2) 服装创意设计的历史发展轨迹。

服装创意设计在当今创意经济时代到来的同时被响亮地提出来，受到了人们的广泛关注。它已成为服装企业、服装品牌赢得消费者，以及在激烈的市场竞争中取胜，从而实现服装产品最大化附加价值的重要法宝；也成为衡量服装设计师才能、潜力的主要观察点；向更大的层面上看，更是成为创造流行，引领世界时装潮流的关键因素。在此背景之下，“服装创意设计”课程自然纳入到了创新性服装设计人才培养计划之中。

以往出版的教材和专业图书大多都是关于服装设计(学)方面的，其中对服装创意设计的内容有所涉及，但往往一带而过，不能满足时代的要求，不能满足当今人们对服装创意设计从理论到实践规律与方法掌握的需要。在本章中，将对服装创意设计研究的基本内容、基本概念、基本类型、主要表现方式与特点、本书的撰写特点等进行综合性概述。

一、服装创意设计研究的基本内容

服装创意设计与服装设计学相比，它主要讨论的是：服装设计的创新理念、创造性设计思维、创新灵感的捕捉、创新意念、意味的表达、实现创新作品的方法及服装创新设计的要点等。而服装设计学则比较偏重于对服装设计的基本知识、基本概念、基本原理、基本方法等的探讨，前者对创造性的指向性更鲜明、更强；后者所指的范围比较宽泛和基础。

1. 服装设计的创新理念

服装创意设计可以表现为多种多样的形式和无穷的变化，然而这些看似无疆界的创意，却受到服装设计创新理念的影响和牵引，换句话说就是：服装创意设计很大程度上取决于服装设计的创新理念。例如，20世纪70年代末80年代初，出现了一大批具有“反时尚”外观的服装创意设计，影响了整个世界时装的流行与发展。这一切来自于以三宅一生(Issey Miyake)、川久保玲(Comme des Garcons)、山本耀司(Yohji Yamamoto)等设计师为代表的日本设计师群体，其带有颠覆性的时尚创新设计理念——挖掘东方服饰文化的精神内涵，以其内敛、自然、返璞归真的服饰语言诠释新的时尚。他们触摸到了时代变化的脉搏和新一代消费者的心声，打破了长久以来欧洲传统服饰风格的垄断，颠覆了西方惯用的黄金分割比例(1：1.618)等经典美的造型模式，而通常用一些比较没有结构性的、松垮的、斜肩的、披挂缠绕等样式，大胆发展日本传统服饰文化的精华，形成一种反时尚(Anti-fashion)风格，如图1-12所示。这种与西方主流背道而驰的新的着装理念，不但在时装界站稳了脚跟，还反过来影响了西方的设计师，并在此过程中确立了日本第五个世界时装中心的地位。美的概念外延被扩展开来，质材肌理之美战胜了统治时装界多年的装饰之美。

服装设计的创新理念是建立在对时代发展脉搏的准确把握，对服饰文化本质充分的理解，对服装发展趋势敏锐洞察和认识基础上的。因此它具有高瞻远瞩、审时度势、创新思想观念、引领设计方向的特点。直接引发形成的是原创的和概念性的设计作品。所以，服饰产品创新的核心，应该是设计理念的创新。

2. 服装创造性设计思维

创造性设计思维是从事服装创意设计要重点研究的内容之一，包括对创造性设计思维的类型、特征、方式、规律的探讨；如何结合服装的特点训练设计者的创造性思维能力，提高服装创新设计水平；如何灵活运用创造性设计思维指导服装创意设计实践，等等。应该说拥有良好的创造性设计思维能力是从事服装创意设计活动的保障。典型的创造性设计思维有“同构式”设计思维、“逆向式”设计思维、“发散式”设计思维、“收敛式”设计思维、“虚拟式”设计思维、“柔性化”设计思维、“情感化”设计思维等，本书中对此有专门的章节加以较为深入的表述。

3. 服装创新设计灵感的捕捉

如果说对创造性设计思维的研究主要解决服装创意设计的思维方式的问题，更注重对服装设计师在创意思维方法上的引导；那么，对创新设计灵感捕捉问题的研究则主要体现在对服装设计灵感阐发的渠道、规律和方法的探索上，更关注有效获取服装创新设计灵感的方法、过程与结果。虽然灵感是一种客观存在的东西，但它漂浮不定，其显现与捕捉的过程带有许多偶然和不可思议的成分，所以，它总是以披着神秘面纱的形象出现在人们的眼前。不过，积累、养性、思考、探索是灵感阐发不可缺少的过程和前提，而且阐发的途径和规律也是可循的。在创造新市场及新文化创意产业领域享有国际盛誉的台湾学者赖声川先生在他的著作《赖声川的创意学》中谈到：“创意是神秘而复杂的，但神秘而复杂并不表示不能学。关键在于我们是否真正了解创意过程中到底发生什么事？从这一点出发，就有机会剖析并学习创意。”本书除了在专门章节有理论性的论述之外，还列举了丰富的服装创新设计灵感捕捉的案例，给人们以颇具参考价值的启迪。

4. 服装创新设计意念和创意作品的表达

前面提到的服装创新设计理念与此处所论及的意念大体相同，但略有区别：前者更多地发生在人们的思想认识层面，含有更多的对服装创意设计本质意义的把握；后者则侧重于将创新设计理念转化为设计灵感和创意设计实践的心理倾向，较之前者增加了对具体服装创意设计的指向。毫无疑问，服装创新设计意念是创意作品的灵魂，但并不是有了意念就一定能出好的创意作品，如何将创新设计的意念和灵感转化为成功的创新设计作品，其中存在着许多值得研究探索的东西，这部分内容也十分重要。以北京奥运会“青花瓷”颁奖礼服创意设计为例：当形成了“青花瓷”创意设计意念之后，大体的设计格调、色彩、图案随之逐渐明朗。接下来的大量工作包括设计怎样的款式；选用怎样的面料、工艺、装饰细节；怎样将传统青花瓷设计元素与时代感融合，与国际体育盛会结合，与服装特点复合，与大众审美倾向符合……这一切都需要十分缜密的思考、反复的推敲；需要具备良好的设计思维能力、设计表达能力、专业基础功力。此部分内容在本书的第五章“服装创意设计能力的培养”中有重点论述，也在各章节有所涉及。

5. 服装创意设计的要点

对服装创意设计要点的探讨包括两个层面的内容：首先，作为服装创意设计整体概念的角度来进行，探讨服装创意设计总体的，基本的设计规律、方法与要点；其次，从服装创意设计类型的角度来进行。服装创意设计根据不同的服装种类而分为不同的类型(颠覆型、推陈出新型、功能创新型等)，而各种类型的创意设计所关注的要点、所采取的方法及所表达的方式都是不同的，因此有必要深入到各种类型层面中去。探讨服装创意设计的规律与设计要点，其目的就是要以此来指导和把握设计实践，本书在此方面有比较详细的陈述，为学习者提供了重要的创意设计思路，同时也能让学习者在头脑中对应该避免出现的问题有明确的认识。

二、有关服装创意设计的基本概念

1. 创意

创意是神秘的。古往今来，学者们对创意的认识不同，所作的定义也各不相同，美国著名心理学家斯滕博格(RobertJ.Sternberg)教授认为：创意是生产作品的能力，这些作品既新颖(也就是具有原创性，是不可预期的)，又恰当(也就是符合用途，适合目标所给予的限制)。建筑学者库地奇(John Kurdich)认为：创意是一种挣扎，寻求并解放我们的内在。台北艺术大学教授赖声川先生认为：创意是看到新的可能，再将这些可能性组合成作品的过程。这些定义都说明了创意包含两个主要的面向，即“构想”面向与“执行”面向。

对创意的认识各有不同，综合多种解释，可以得出这样的定义：创意是指具有创造性的意念，它不是重复一些安全的选择，而是创新，具有原创性特征；同时创意又适合目标所给予的限制，具有可执行性特征。

2. 设计

从词源学的角度考察，“设”意味着“创造”，“计”意味着“安排”。英语Design的基本词义是“图案”、“花样”、“企图”、“构思”、“谋划”等。由此而得出设计的基本概念是“人为了实现意图的创造性活动”，它有两个基本要素：一是人的目的性，二是活动的创造性。

设计有广义和狭义之分。广义的设计认为只要是人的有目的的活动都叫设计。按照这种说法，原始人类打制石器、切削树木是设计；家庭主妇计划晚餐的菜谱、整理房间是设计；小学生挑选玩具、做作业也是设计……这种设计的定义涵盖了人们生活的方方面面，设计成为人的基本活动。狭义的设计认为只有职业化的设计人员所从事的创造性的活动才叫设计，如工程师、建筑师、产品设计师、服装设计师、发型设计师、包装设计师等。这种设计的定义强调设计是一种专业化的活动，并且都有“可见”的物质成果。

3. 创意设计

创意设计是指将创造性的意念通过一定的创造性活动加以表现和实施。从字面上可以理解为带有创造性特征的意念、意思、意味、意义的设计；从现代设计的角度来看又可以理解为：一切对现实有所突破的设计，有所创新的设计均属于创意设计。创意设计属于创新设计的范畴，但它的指向性更加明确，更加注重的是对创造性的理念和意味的表达，为设计注入灵魂与活力。

4. 服装创意设计

服装创意设计即是以服装为载体的创意设计，也可理解为带有创造性意念、意味的服装设计，往往是通过“讲故事”的方式营造一种令人向往的崭新的生活方式或生活形态，以此打动服装消费者的心，引起他们想要拥有的欲望。“讲故事式”和“体验式设计”之类的术语，足以证明“意味”已变成商品所附加的有价值的资产。

谈到服装创意设计，容易使人想到那些具有视觉冲击力的、原创性强的艺术类表演性服装设计，而不把那些较为生活化的，人们平常穿用的服装设计纳入到服装创意设计的范畴之中。形成这样的认识有一定的道理，因为“原创性”的确是衡量创意设计的特征标

准，那些颇为艺术化的服装设计，容易使人体会到创意的感觉，但是创意的概念是广泛和不分高低的，它既体现在艺术化表演性的服装设计上，又包含在实用的成衣设计中，只是在服装设计原创性的程度上和表现方式上有所差异。

三、服装类型与创意设计

服装由于消费对象、穿着场合、服用功能等的不同而被划分为多种类型。除了基本服饰品类等的划分之外，按照服装的艺术性和实用性特征可将服装划分为艺术化表演性服装和实用性服装两大类；依据服用对象和服饰品质划分的话，又可分为高级时装、高级成衣和普通成衣(本书主要针对于此进行讨论)。不论从事哪一种类型的服装设计，都涵盖有创意设计的成分，只不过是涵盖部分的多少，原创性程度的不同而已。

1. 高级时装与创意设计

相比较而言，高级时装一般出自世界著名设计师之手，其中有相当一部分作品具有很强的艺术化表演性特征，原创性高，能起到引领国际时尚潮流的作用。当然，在高级时装中也有小部分属于完美传统经典类型的，其创意性不强。

2. 普通成衣与创意设计

而对于普通成衣来说，实用性为其主要特征，设计多以成衣设计的语言和定位转换高级时装的创意理念，从这个角度看，原创性不强。普通成衣设计的变化主要体现在服装的重点部位或细节部位，注重对服装穿着功能性的研究、对时尚流行趋势的研究、对穿着者审美与消费价值取向心理研究和对现有服装某方面的改进，创意性主要体现在对小情趣的捕捉和意味的表现上。

3. 高级成衣与创意设计

介于高级时装与普通成衣之间的高级成衣，其设计的原创性也比较高，主要原因在于：占主流地位的世界高级成衣品牌大多作为世界著名服装设计师的二线品牌形式出现，服装创意设计的概念与高级时装几乎是同时同样出自这些有影响力的精英设计师之手，或出自具有充分实力的优秀设计师之手。但高级成衣毕竟归结于成衣这一大的范畴之中，故相对于高级时装而言，它的创意设计更体现适合目标所给予的限制，具有可执行性特征。

可见，各种类型的服装设计都具有创造性特质和创造性活动的特征，但它们的服装创意设计在原创性的程度上有所区别，在原创性的表现方式上各具特点。对此做进一步探讨，将服装创意设计的主要表现方式归纳为“颠覆性”、“推陈出新型”和“功能创新型”。

四、服装创意设计的主要表现方式与特点

1. 颠覆性服装创意设计

颠覆性服装创意设计顾名思义是指那些与传统、与常规、与主流相悖的服装创意设计。此种创意主要着眼于服装的跨越发展和对流行趋势的驾驭，创新于设计理念，挑战于司空见惯的事物，构建新的貌似美妙的、代表时代发展的审美情趣，感化于消费者的内心世界，引起革命性的变更，继而取代上升为主流、主体的位置。20世纪60年代兴起的“反传统时装”——“迷你裙”、“金属服”、“比基尼”等彻底告别了传统的以成熟老练的、矫揉造作的贵族妇女形象为美的时代；70年代末由日本设计师群体推出的“反时尚时装”(Anti-fashion)——无结构的、披挂式、缠绕式时装，“补丁装”、“乞丐装”等，完全颠覆了一直占有时尚主流统治地位的欧洲时尚风貌；80年代“内衣外穿”、“性别转换”的时装创意设计，全面打破了长期形成的固有着装方式的概念；90年代兴起并持续到21世纪的生态环保理念下的“极简主义”、“解构主义”、“波西米亚风格”、“混搭风格”时装创意设计，猛烈地冲击着以往人们对时装的审美判断和价值判断；当今处于知识经济、信息时代、全球一体化背景下，高科技的注入，使时装创意设计以前所未有的关注度挖掘人的内在欲望和需求，进行“情感化设计”、“体验式设计”、“沟通式设计”、“快速时尚设计”、“功能性设计”，这带来的不仅是服饰表面形式上的变化，更重要的是时尚生活方式与消费行为方式的革命。

颠覆性服装创意设计往往出于具有敏锐洞察能力，非凡创造才华和能够驾驭、引领时尚潮流的设计师之手。原“迪奥”品牌的设计总监约翰·嘎里阿诺就是一位这样杰出的设计大师，他以极致的繁复华丽、脱轨的放浪骇俗、冲突矛盾的创作，叹为观止的演出，挑战经典传统，颠覆了“迪奥”品牌所确立的一贯高级、精致、优雅的形象，使这个品牌在新时代焕发出了旺盛的活力，继续前行在世界时尚潮流的风口浪尖上。在美国设计界享有“趋势猎人”的马特·马图斯(Matt Mattus)在他的著作《设计趋势之上》中指出：“世界

上最著名的、最富创造力的设计界领袖们有着某些共同特征：他们总是追求原创性设计；他们总是尊敬那些有真才实学的人；他们总是不懈地追求完美，而自觉前行。”“真正的创新，要求那些卓有远见的设计者们，观察文化并对其影响加以整合，创造出超越流行的趋势，具有非凡文化意义的原创作品。”

颠覆性的服装创意设计看似荒诞，标新立异，但它不是设计师凭空捏造出来的设计，而是以时代、社会、政治、经济、文化、科技的进步为基础，那些创造世界时尚潮流的设计师正是独具慧眼，发挥了非凡的创造才能，将孕育在火山内部的岩浆以独特的方式引爆出来。

2. 推陈出新型服装创意设计

如果说颠覆性服装创意设计只局限于少数设计精英范畴的话，那么推陈出新型服装创意设计则具有广泛的普及性，它使时尚潮流得以绵延流长，是推动时装蓬勃发展的动力之源。此类服装创意设计基于对现有服装设计资源的利用与创新，具体又有“复合型创新”和“改进型创新”之分。前者比后者创意性程度更强。

有学者将“复合型创新”用“黄+蓝=绿”的公式来表达，绿色是黄色与蓝色混合后形成的新的色彩，它既有黄的成分，又有蓝的成分，但它却非蓝非黄。这个比喻十分形象和恰当。它被广泛地运用到服装创意设计之中，所谓“混搭设计”就是如此。通过对已有服装要素创造性的复合，从而创造出新的方式、新的服装设计要素，服装创意设计的原创性就在不断地复合创新的过程中得以体现。

“改进型创新”是指：“在现有服装产品的基础上进行改进，使其在结构、功能、形式等某个方面具有新的特点，从而使品牌原有的产品焕发出新的活力，满足消费者的新需求，扩大新产品的销售”。虽说改进型创新设计原创性程度不高，但它对服装的发展也是不可或缺的，比较适合普通成衣的创意设计。

3. 功能创新型服装创意设计

着眼于服装各种实用功能的改善与创新是此类型服装创意设计的特点。也许在当今，此类创意设计更多地表现为服装材料、服装舒适性、防护性、保健性等方面高新科技上的创新或创新运用，但高新科技的植入，服装功能性的开发，这些与时尚创意的结合，确确实实给服装领域带来了革命性的变革，带来了创新设计的新空间。例如：利用高新技术创新开发的鲨鱼皮泳装，从功能性研发入手，将减少泳衣水中阻力，提高运动速度的功能推向了极致，通过时尚的前卫艺术化风格的流线型设计，使鲨鱼皮泳装成为新时代的宠儿，这样的例子不胜枚举。

当然，没有高科技的介入，同样从功能创新角度开发服装新产品也是重要的创意设计途径，只是所带来的影响力不如前者罢了。服装的多功能创意设计就是很好的例子。也许有人会说，像“可脱卸”、“可携带”、“一装多种穿法”等这样的多功能服装设计早已司空见惯，在此之上加加减减，这算不上创意设计。但是要看到，一方面，随着时代的发展，生活方式的改变，人们对服装功能性的要求也在不断更新，如今为“电脑一族”设计的USB电手暖、“袖毯”等就是这样在创新功能开发下的服饰产品；另一方面，现代的人性化设计努力在体验和挖掘消费者内心潜在的服用需求，所以创意是无限的。媒体上曾有报道说一种具有“三条腿”的创意裤袜受到女性消费者的青睐，这一功能性奇特的创意设计解决了女性外出，特别是参加重要活动时连裤袜被钩破后的窘迫(平时多余的一条腿卷折后放入上端设计的暗袋中，需要时好坏袜腿对调一下即可)，可见功能型创新设计的魅力。

五、服装创意设计的历史发展轨迹

19世纪中叶，由于英国服装设计师查尔斯·弗雷德里科·沃斯(Charles Frederick Worth)在服装款式设计上的努力探索与尝试，其作品被当时的法国尤金妮(Eugénie de Montijo)皇后所宠赏而成为了法国第一位宫廷服装设计师兼裁剪师。从此，“服装设计”和“服装设计师”的概念进入到人们的头脑，登上了历史的舞台并逐渐深入人心，开创了一个服装设计的崭新时代。在这之前，明确的服装设计概念没有出现，服装款式与制作基本上是以宫廷贵族的喜好，依照传统审美观念和模式，由裁缝师量体裁衣制作完成的。服装设计从明确产生的一开始就彰显出极大的魅力，其魅力一直有增无减，持续到今日。

以沃斯为代表的最初的服装设计师确立了服装设计的重要作用，确立了服装设计师的权威性地位和极高的声望。詹姆斯·莱维尔(James Laver)在《服装简史》一书中有这样的描述：“这位矮小、干瘪、黝黑，带点神经质的人，身穿一件天鹅绒外衣，漫不经心地叼着一根雪茄在接待室里指挥着前来定制服装的贵妇们，‘起步走！转身！好！一周以后再回来这儿，我将为你设计一套适合你的时髦礼服。’不是顾客进行选择，而是设计师决定着一切。”沃斯及其作品如图1-1所示。

(a)

(b)

图1-1　19世纪中叶，开创服装设计新时代的设计师沃斯和他的设计作品

20世纪初，服装设计经过半个世纪的发展，已经出现了创意设计的萌芽，例如：当时具有一定影响力的英国女时装设计师露茜尔(Lucile)开创了为服装设计作品起名字的做法，诸如“生活美酒”(The Wine of Life)、“爱的通道”(Love Will Find out a Way)、“挣脱情感的束缚”(Passion’s Thrall is Over)等，给服装设计注入了带有某种生活情趣的创意成分，有点类似现代服装设计主题表现的形式。引领此时期时装风尚的代表性设计师保罗·波瓦列特(Paul Poiret)，充分感悟到了“新女性”的存在和时代的变迁，率先发起了对传统的、成熟而老练的、矫揉造作的贵妇人理想形象的攻击，使时装首次呈现出年轻化的带有东方清新、自然意味的时代风潮，使服装创意设计改变了长达好几个世纪欧洲妇女穿紧身胸衣加庞大裙撑的服饰形象(虽然此时并没有服装创意设计这一提法)，如图1-2、图1-3所示。

(a)

(b)

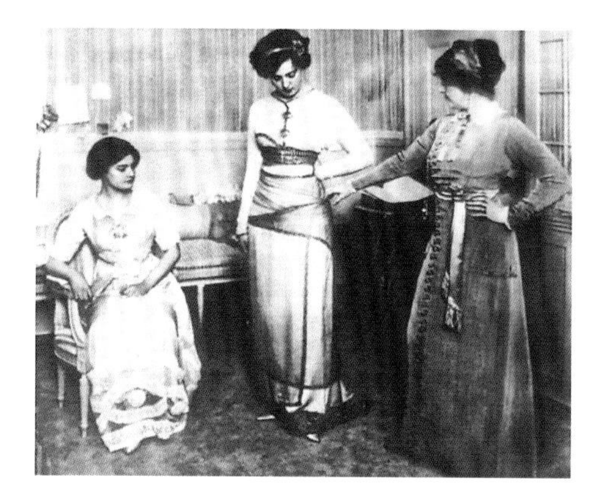

图1-2(a)	图1-2(b)	图1-3

图1-2　引导20世纪初服装风貌的设计师波瓦列特和他的服装设计作品

图1-3　20世纪初具有影响力的服装设计师露茜尔和她的服装设计作品

20世纪20~50年代，在服装设计发展史上被称之为“时装设计的黄金时代”。设计师的作用越来越突显，设计师的队伍越来越壮大，设计师的服装设计创造了20年代的“小野禽风貌”；30年代和50年代欧洲女性新的优雅风貌。代表性设计师有香奈儿(Chanel)、夏柏莱丽(Elsa Schiaparelli)、维奥尼特夫人(Vionnet)、迪奥(Dior)、巴朗夏加(Balenciaga)、吉文西(Givenchy)等。服装创意设计的焦点瞄准了服装形式美造型的变化，和切合生活变化的实用性功能，如图1-4~图1-6所示。

图1-4 | 图1-5 | 图1-6

图1-4　20年代的“小野禽风貌”的服饰

图1-5　30年代具有优美线条的“露背式”晚装

图1-6　引导50年代新典雅风貌的设计师迪奥和他的作品

20世纪60年代的服装创意设计从内容到形式上都发生了巨大的转变，在真正意义上步入到了现代时装设计的时代，彻底地告别了传统，抛弃了时装上的典雅和优美，呈现出反叛性、自由化、个性化、年轻化、性感化的特征，以颠覆型的“迷你风貌”、“街头时尚”、标新立异的现代艺术时装为标志。服装创意设计从比较表面的、单纯的、在传统审美观念制约下的，注重对服装本身形式美的设计创新，向离经叛道，多方位的、深入到人们价值观、审美观转变的方向发展。代表性服装设计师有玛丽·奎特(Mary Quant)、帕克·雷班尼(Paco Rabanne)、皮尔·卡丹(Pierre Cardin)、安德烈·柯列杰斯(Andre Courreges)等，如图1-7~图1-9所示。

图1-7 图1-8 图1-9

图1-7　60年代的“比基尼”

图1-8　60年代的“嬉皮士风貌”

图1-9　60年代 “迷你风貌”的太空服

现代时装设计时代的开启为20世纪后半期服装创意设计的发展铺垫了基调，创意的概念在人们的头脑中越来越清晰，越来越受到关注，发挥出越来越大的威力。值得一提的是70年代末80年代初，以日本时装设计师为代表的群体发起的“反时尚”设计风潮，从根本上撼动了西方服饰经典这棵根深叶茂的大树(前面已提过，这里不再赘述)。代表性时装设计师有三宅一生(Issey Miyake)、川久保玲(Comme des Garcons)、山本耀司(Yohji Yomamoto)、高田贤三(Kanzo)等。80年代的服装创意设计聚焦于人们所崇尚的高品质生活方式，反映出人们热衷于服饰消费，青睐于名牌的服饰观，塑造出了“雅皮士风貌”。代表性时装设计师有克劳德·蒙塔纳(Claude Montana)、乔治·阿玛尼(Giorgio Armani)、姜·弗朗克·费雷(Gianfranco Ferre)、瓦伦蒂诺(Valentino)、卡尔·拉格费尔德(Karl Lagerfeld)等，如图1-10、图1-11所示。

(a)

(b)

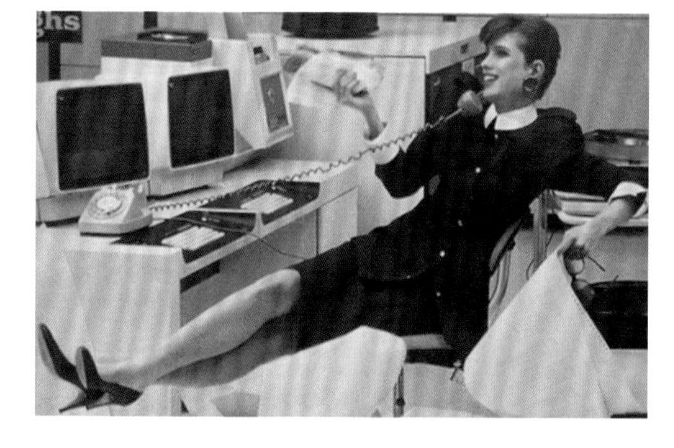

图1-10 图1-11

图1-10　70年代末80年代初日本设计师开创的“反时尚”服装

图1-11　80年代“雅皮士”时装

20世纪90年代，以让·保罗·戈蒂埃(Jean Paul Gaultier)、维维恩·韦斯特伍德(Vivienne Westwood)、亚历山大·马克奎恩(Alexander Mcqueen)和约翰·加里阿诺(John Galliano)为代表的服装设计师们将反传统的旗帜继续扛了下去，挑战经典美学标准，以游戏的心态，调侃的态度，幽默、诙谐的手法，以非理性、非和谐、非物性，甚至以丑为美，创立了前所未有的艺术形式，如图1-12~图1-14所示。

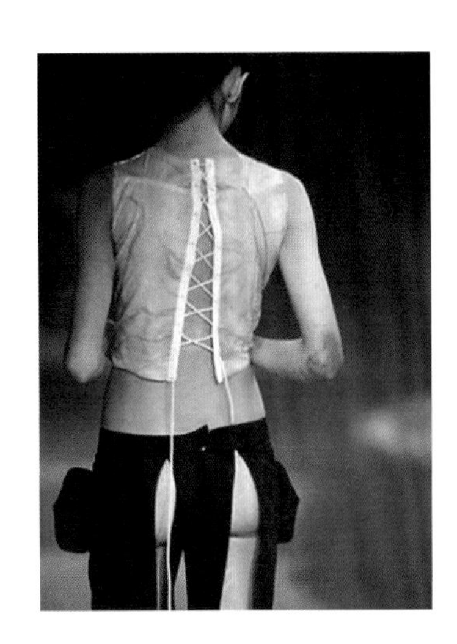

图1-12 | 图1-13 | 图1-14

图1-12　法国著名时装设计师戈蒂埃在20世纪90年代初创作的性感时装，掀起了内衣外穿的时尚风潮

图1-13　英国著名时装设计师约翰·加里阿诺1998年设计的复合式创意设计作品

图1-14　英国著名时装设计师马克·奎恩设计1994年发表的臀部开衩的时装

从整个20世纪下半期服饰发展的状况来看，服装创意设计的指向主要集中在与传统服饰观念决裂，冲破羁绊，营造能够自由彰显个性化风貌的时尚氛围。同时，消费文化兴起，中产阶级队伍的成熟与壮大，对服装创意设计也产生了很大的影响：服装创意设计逐渐从服装的款式外观设计转向对人们生活方式的设计；从面向少数富人阶层服务的高级服装创意设计转向大众化时装创意设计。

伴随着知识经济的到来，“创意设计”的概念被提到前所未有的高度。21世纪，经历了服装创意设计在观念上与传统的分道扬镳及消费经济的热潮，人们逐渐冷静下来思考人类的生存环境问题、生态的观念、绿色环保的意识、返璞归真的心理逐渐转化为新的服装创意设计理念。与此同时，对人性的颂扬与关注，对人生命的关爱与呵护也成为当代服装设计另一个重要的创新理念，“人性化设计”、“情感化设计”、“体验性设计”、“交互式设计”等应运而生。此外，高科技的迅猛发展对服装创意设计的影响日趋显著，人们以更加前瞻的视野，更加高涨的热情，利用现代高科技手段，表现运动、速度、信息、力量和技术，创造着一个充满迷幻魅力，令人不可思议的未来世界，如图1-15~图1-17所示。

图1-15 | 图1-16
图1-17

图1-15　表达生态环保主题的概念性时装

图1-16　表达浓郁东方情韵的时装

图1-17　耐克公司研发的具有高科技外观和功能性的服装

六、本书撰写特点

本书撰写的主要特点在于：①对“创意设计”的概念进行了界定，从比较科学、全面的角度统一了长期处于模糊不清的看法；②将创意设计与服装紧密结合，进行阐述，从创意大的概念入手，打破了在相当一部分人头脑中形成的创意服装就是艺术类表演性服装，而将创意与实用成衣相分离的倾向；③把服装的创意设计按艺术类表演性服装、高级成衣、普通流行成衣三大类进行划分和阐述，探讨了各大类服装创意设计的特点、规律与要点；④将对学生创造性思维能力、创新能力的培养，贯穿到服装设计系列课程的教学之中，与以往的服装设计教材相比，更突出各类服装设计的创新思维、创新理念、创新方法、创新表现；⑤研究借鉴国际上先进的服装创新设计理念和教学方法，结合当今高科技、信息化特点，拓展学生的视野，提倡项目引入的教学方式，理论联系实际，使之更具前瞻性、科学性、新颖性、可操作性；⑥图文并茂，列举了大量的服装创新设计案例，不仅有国内外服装大师的作品，还有相当一部分是教学案例，出自教师和学生之手，具有很好的直观性、直接性、针对性和参考价值。

思考题与训练

1. 试比较“服装创意设计”与“服装设计学”之间的异同。

2. 判断以下说法是否正确，并分析其中的道理。

(1) 服装创意设计专指那些原创性高的艺术化表演性服装设计。

(2) 服装创意设计更加关注流行趋势，由此体现出服装的创意和创新。

(3)“讲故事式”和“体验式设计”的方式通常被认为是服装创意设计的基本表现方式，给所设计的服装注入活力。

3. 服装创意设计的发展经历了怎样的历程？其代表性服装设计师有哪些？

4. 查阅有关服饰创意的图文信息资料，体会服装创意设计的魅力及不同的类型特征。

第二章 服装创意设计基础理论

【教学目标】

通过本章的学习，提高学生对服装创意设计的思想认识水平和基础理论水平；使学生明白如何将基本设计原理与规律结合服装创意设计的特点进行创新应用；了解服装创意设计基本元素的提取与运用的方法；能够鉴别服装创意设计作品的优劣，把握服装创意设计的度，为后面知识的学习打下良好的思想认识基础。

【教学要求】

(1) 了解服装创意设计基础理论所涉及的各方面知识、内容。
(2) 正确地认识服装创意设计方法论所涉及的关键问题。
(3) 理论联系实际进行主动深入的分析与思考。

【知识要点】

(1) 服装创意设计对基本设计原理与规律的创新应用。
(2) 服装创意设计的基本手法。
(3) 服装创意设计基本元素的提取与运用。

如前所述，服装创意设计属于服装设计这一大的范畴之中，设计包含了创意的部分内容。之所以将它专门抽取出来进行研究和表述，是因为创意经济时代来临，创意成为生产力中最具活力的要素，代表着时代前行的方向，对其加以重点的强调是时代的要求，是在当今及未来世界时尚舞台上扮演什么样角色，在国际服装市场的竞争中能否掌握主动权、话语权，以及能否取胜的关键问题；是应该重点研究探索，并付之于百倍努力的事情。

然而服装创意设计虽然表现出的是打破常规、挑战传统、标新立异的特征，但实际上所遵循的基本原理和规律与服装设计是一致的，只是它所面对和解决的问题有所侧重，主要针对服装的创意思维、创意理念、创意方法、创意效果等。当然，遵循同样的设计基本原理，而在服装创意设计特殊应用中也会出现不一样的效果，其中充满了对传统与经典款式风格的挑战，对传统的服饰审美意识与观念的颠覆。

一、基本设计原理与规律的创新应用

1. 服装设计的基本原理与规律通用于服装创意设计

服装设计所遵循的是“比例”、“平衡”、“韵律”、“强调”、“和谐统一”这“五项基本原理”；而“五个W，一个H”即“Who to wear(何人穿)?”、“Where to wear(何地穿)?”、“When to wear(何时穿)?”、“What to wear(穿什么)?”、“Why to wear(为何穿)?”、“How to wear(怎样穿)?”则是从事服装设计的前提和基本规律。这些在以往的服装设计学教材中都有比较详细的阐述，这里对此则不展开一般性的表述，而是结合服装创意设计的特点进行分析与探讨。

以上服装设计的基本原理与规律通用于服装创意设计，可以从以下几个方面来认识。

首先，服装创意设计是为人服务的，这就决定了它的终极目标是要满足人对服装的物质层面和精神层面上的审美及实用的需求。这与服装设计基本原理与规律的指向并行不悖——研究人，研究人本质的服饰审美规律和审美心理。

其次，既然是服装设计的基本原理与规律，那就是一种普遍的，适应面广、适应性强的带有真理性质的设计理论，事实上，它不仅是服装设计的基本理论，而且是所有艺术设计门类所共同享有的，染织艺术设计如此，包装装潢、环境设计等也是如此。

另外，在应用服装设计的基本原理和规律进行服装创意设计时，一般遵循的是总体原则，把握的是大的整体效果，往往在具体表现形式上会以新颖独到，甚至于是挑战传统、颠覆经典的方式进行。图2-1所示是被称为“时装鬼才”的已故著名时装设计师麦克奎恩1994年春夏推出的创意设计服装——超低腰且臀后开衩的裤子。作品以大胆和前卫的形式颠覆了传统的着装观念，但同时又是服装设计基本原理应用的典范：上下开衩口的呼应，对称平衡的效果，渐变节奏的韵律……

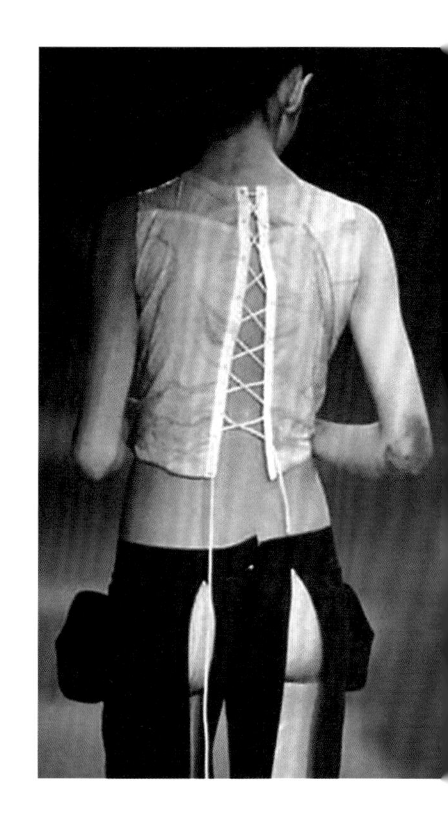

2. 服装创意设计对服装设计基本原理与规律的创新应用

1) 比例原理的创新应用

服装设计基本原理讲求适度的、美的比例，古希腊著名的学者毕达哥拉斯提出的“黄金分割率”被美学试验所证实，公认为是经典美的比例，并被广泛地应用在各类艺术设计之中。在服装创意设计中，这种让人具有稳定感的，令人赏心悦目的黄金分割比例，也多有应用，但应用前提是不能因其经典美的象征因素而影响所营造的服装整体创意效果。通常设计师会积极地利用其经典美的尺度来平衡颇具创意风格的个性化要素的组合，使创意设计既富于艺术的感染力，又能被消费者所认同。图2-2所示是Dior品牌2009年秋冬季推出的具有阿拉伯风格的创意时装，设计师将马裤与灯笼裤的款式造型特点相融合，选用闪光柔滑的白色绸缎面料，使裤子上布满了悬垂流荡的褶裥线条，十分独特；上身则选用了厚实的毛皮材料和粗绳带编饰的肌理，不仅上衣两种材质具有对比效果，而且与下裤的丝绸面料产生强烈的对比反差。经典的“黄金分割

图2-1
图2-2

图2-1　麦克奎恩1994年春夏推出的创意设计服装——超低腰且臀后开衩的裤子

图2-2　Dior推出的阿拉伯风格的创意服装，很好地运用了“黄金分割率”

率”在此的应用恰到好处，完美地将对比的材质和款式造型要素结合为一个整体，表现出具有东方神韵的服饰创意。由此可见，经典美的比例在创意服装设计中的使用，更多地偏重于协调对比要素，和谐整体效果的作用。此外，需要强调的是：对黄金分割率的应用不能是机械的，而应是一种灵活的审美感受。此款服装的创意设计，若实际按1∶1.618对上下装进行比量的话，裤子所占的比例要多一些，但设计师将材质的分量感纳入整体服装的视觉感受之中，应该说这是更加真实的黄金分割。

比例的形式是无限的，所反映出的感觉也是各不相同的。很难抽象地说哪种比例好或是不好，关键是要将其纳入到具体的创意设计之中进行考量，也就是说，适度的比例多种多样，不能用死板的标准来限制。能够称之为适度的比例，一定是能够与创意服装设计的风格相匹配的比例。由于创意服装设计的艺术性、前卫性和原创性的特征，因此往往会摈弃“黄金分割率”，而更多地追求“悬殊比例”、“混杂比例”等带有力度感的比例效果。但总体上要视其服装设计的创意程度，选择适度比例的表现形式。图2-3所示是引导当今时尚前卫的女皇Lady Gaga身着的一套具有“悬殊比例”的演出服，夸张肩部宽厚效果的夹克衫，穿于泳装式紧身内衣之外，只露出很小的耻骨处的三角部分，强烈的服装尺度上的对比视觉效果连同夸张的款式造型等要素，塑造出了率性、刺激、性感的时尚前卫明星的形象。图2-4所示是Kenzo品牌2011春夏推出的创意时装。上下、内外服装参差不齐、重叠交错的多层次表现，模糊了服装彼此间的尺度关系，也混淆了各种款式细节，包括面料间的尺度关系，这种“混杂比例”的应用使整体服装产生了丰富的视觉效果，随性、休闲、不羁。

值得探讨的是那些建立在对传统经典服装比例破坏的服装创意设计，比如，近年来流行的宽大低裆的裤子，如图2-5所示；以及在年轻群体中流行的那种低袋位的裤子，如图2-6所示，其超低裤裆和超低袋位的比例彻底颠覆了传统的尺度概念。这样的例子还有很多，不仅发生在街头时装、休闲服装中，而且也出现在礼服创意设计上。图2-7就是一个很好的案例，设计师大胆地将礼服的半截短裙提升至乳房之上，裙摆的位置只到臀围线，如此的比例关系颠覆了传统的高腰长裙，以及短裙与身体比例关系的经典尺度。如何理解这一类创意设计？用传统的比例原理已很难对此作出解释，这也是服装设计教学中常碰到的棘手问题。还是从服装设计基本原理的人性需求指向这个基本原则来寻求答案，即喜新厌旧，这是人类天生的习性，人们需要经典美的同时，也需要对经典的超越。另外，人类的审美情趣也在随着时代和生活环境的变迁而发生着变化，20世纪50年代的年轻人，穿着“布拉基”，梳着两根长辫子，拉着手风琴，唱着“莫斯科郊外的晚上”作为时尚浪漫的形象备受尊崇；而今的年轻人用电吉他和着拉普，伴着摇滚，一身“嘻哈”风格的打扮，

图2-3	图2-4
图2-5	图2-6

图2-3　Lady Gaga身着的具有“悬殊比例”的演出服

图2-4　Kenzo 品牌2011年春夏推出的“混杂比例”创意时装

图2-5　近来流行的宽大低裆的裤子

图2-6　服装低袋位款式细节的流行

非常时髦。由此不难看出：新的服饰形象是破旧立新的产物，超低裆的裤子、超低位的口袋及创新的短裙与身体的比例关系等，正是对传统经典比例的挑战，是创意服饰形象的重要组成部分。

2) 平衡原理的创新应用

平衡具有“对称平衡”和“非对称平衡”或称为“均衡”两种基本形式。相比之下，前者具有平稳、沉着、规矩之感，而后者则表现出动态，富于变化的特性。创意服装设计比较多地追求“均衡”的表现方式，这样更容易达到变化、个性化、自由化、新鲜感的视觉效果，与创意设计总体表现出的风格相应，如图2-8所示。这是一个以环境保护为主题的服装创意设计，通过对印有大幅自然景物的飘柔面料的不对称处理，非常生动自然地表达了一种向往自由、和谐的意境。

图2-7 | 图2-8

图2-7 颠覆传统裙与身体比例关系的礼服

图2-8 创意服装设计中对均衡原理的应用，表达了生态环保的理念

创意服装设计对平衡中“对称平衡”原理的应用与前面所提到的“黄金分割率”的应用方式相似，是创意服装设计必不可缺的，但在具体的应用中，设计师会更注重发挥其协调创意诸要素的作用，使服装的创意设计能够更容易被消费者所接受。图2-9所示是法国著名时装设计师拉克鲁瓦(Christian Lacroix)2004年至2005年秋冬季发布的高级成衣。整个服装采用了十分跳跃的色彩、图纹和具有对比感的几种材料的组合，而在款式设计上则采用了对称平衡的方式，从一定程度上协调了诸多的个性化对比的元素，使服装整体上达到了一种动态平衡的效果。

当然，究竟采用怎样的平衡方式，关键还是要看创意服装所要营造的意境，是由所设计的服装风格所决定的。图2-10所示是Giorgio Armani Prive 2011年秋冬高级定制时装发布的作品，很明显，设计灵感来源于日本传统的服饰。设计师运用对称的方式进行服装的造型款式设计，以此表现日本传统服装的静态美。绝妙的是：对称的款式造型中隐孕着略微不对称的图案元素，给整体服装的静态美加入了灵动的成分，达到更加完美表达日本传统服饰审美特征的理想效果。

图2-9　图2-10

图2-9　采用对称的款式来协调服装色彩、材质、图纹的强烈对比，达到动态平衡的效果

图2-10　对称的款式及稍有不对称的纹样，理想地表现了日本服饰风格的美

3) 韵律原理的创新应用

正如韵律是音乐灵魂的表达方式那样，它也是服装设计的灵魂表达。“重复”是产生节奏和韵律的基础，对于服装设计来说，各种设计要素以不同方式在服装上的重复出现就会造成人的视觉运动轨迹，从而形成韵律感。韵律具有多种多样的性格特征，作用于人的视觉心理，会引起人们各种情感和风格的体验。因此，创意服装设计师们也更喜欢在创新运用韵律原理上下工夫，不仅简单地追求在服装表面形式上设计要素的重复效果，而是更努力地追求其内在的，带有想象空间的，能够拨动人们心弦的创意韵律设计效果。这样的作品往往会给人以生动的感受，留下深刻的印象。图2-11(a)和图2-11(b)，它们都出于英国著名的服装设计师维威安·韦斯特吾德(Vivienne Westwood)之手，是她2011年至2012年秋冬推出的具有截然不同韵律感的创意设计作品。如图2-11(a)所示，设计师采用自然流畅、曲直相间、极富韵律感的桃红色长线条，以服装特有的精细的滚边形式勾勒出上衣的领形和衣边，在口袋处有短线条的重复使用，又跨越裤子的长度空间，以小块面的袜子形式将桃红色带到脚部，上下呼应。在这里，优美的“自由重复韵律”是整套服装作品的创意亮点。如图2-11(b)所示，设计师采用鲜艳的对比色羽毛状短线条并置的手法，让无数个均匀混杂的规则性重复赋予上身的披肩以铿锵有力的节奏感，不仅如此，披肩的圆形结构造型，使附着之上的彩色羽毛状短线还呈现出放射性韵律，几种带有力量感的韵律的结合营造了一种强烈的“迪斯科”音乐律动而奔放的韵律。同样，韵律的创意设计是该作品展示其魅力的焦点。

图2-11(a) | 图2-11(b)

图2-11 Vivienne Westwood 2011年至2012年秋冬伦敦女装新品发布上推出的极富韵律感的服装

产生韵律的重复分为“有规则的重复韵律”和“无规律的自由重复韵律”两种类型。前者相对比较硬、板，力量和节奏感强；后者则表现出比较活泼、柔和、富于动感和变化的特征。这两种类型的韵律各自又有曲线和直线之分。总体在各自特征的基础上，曲线会显得柔和些，直线的力度感更强一些。这些都是客观存在的规律与原理，创意服装设计在应用这些韵律原理时，除了前面所论述的以韵律本身作为服装创意焦点的类型以外，更多的是创造性地根据创意服装所要表达的意境和风格，灵活应用各种韵律特点，而且往往不是单一的，而是几种类型的韵律综合应用。图2-12所示是D&G2011年至2012年秋冬发布的创意服装设计作品。黑与白通过服装和服饰配件大块面和小块面呼应性的搭配，通过英文字母的规律性和自由性排列组合，恰到好处地将上下里外服装融合成为了一个整体。其间，规律性的排列与自由式排列，两种韵律相互间的差异和变化，产生疏密、动静对比的效果，而使具有相同字母要素的上下装巧妙地区分开来。从这个创意服装作品中还可以观察到：对不同类型韵律的合理的创造性综合运用，有助于形成整体服装的秩序感，韵律在不经意间发挥引导视觉观赏的重要作用。此创意服装的秩序感转化为视觉观赏的次序是：内上衣(强烈的规律性字母重复排列韵律使然)；鞋袜(鞋子穿带所生成的直线性重复规律对上衣类似韵律的呼应)；裤子(从裤脚口向裤腰规律性逐渐放大字母自由排列组合的双重韵律)；外套(大面积黑色协调整各部位并与字母的颜色呼应)；配件(墨镜、项链、腰带)。

图2-12　D&G2011年至2012年秋冬女装作品，强烈的律动感给人留下深刻的印象

4) 强调原理的创新应用

关于强调原理有3个核心点：第一点，产生强调效果的关键在于“对比”，没有对

比，也就无所谓强调。第二点，产生强调效果的对比应该是“悬殊性”的对比，如果服装的各个部位都处于对比的状态，也就无所谓强调。一般情况下，整套服装的强调部位仅为1或2个，若是两个，那么应该以一个为主，另一个为辅，彼此呼应，又具有次序感。第三点，对比强调的部位应该是整体服装的重点部位，大多位于人体的主要结构处，如颈部、胸部、肩部、腰部、臀部、背椎部、手臂腿脚关节部等，其中以上身的结构处更为主要。

对比的范围很广，对于服装设计来说，主要是指服饰材质的对比、色彩的对比、形的对比、平面与立体表现的对比、繁复与简洁的对比等。由于大多被强调的部位都是服装的精华之所在，因此也就自然成为服装设计的重点，创意服装设计也是如此。如图2-13所示，设计师的创意设计构思与表现方式同样简洁明了，所着力强调的领子部位正是设计师创意设计的重点。通过斜向的带有弧形的裁剪，使面料自然立体卷曲，其底边呈灵活生动的几经回转卷曲的线条，与平展的、简洁的衣身形成鲜明的对比。同时，悬殊比例的形式进一步加强了对创意设计重点部位强调的效果。

运用对比的原理来塑造强调部位，这与一般的设计手法是一样的，所不同的是：创意性服装设计在造型上、材质上、色彩上、特色上、细节上等多采用打破普通的、常用的方式，如：选用新奇的非服用材质与主体面料进行对比(图2-14)；独特别致的表现效果(图2-15)；意想不到的细节(图2-16)；不一般的强调部位(图2-17)；十分夸张的造型(图2-18、图2-19)；等等，使所营造的对比效果更为突出，更具有戏剧感。具体分析一下图2-15：该作品也是Vivienne Westwood 2011年至2012秋冬伦敦女装新品发布上展示的作品，与常规的领带作为整套服装中的强调部位和所起的点缀作用没有什么两样，但它却造成了强烈的视觉刺激，远远超出了领带装饰点缀所具有的强调感。这正反映出创意服装设计的创新特征，设计师不仅遵循了“强调原理”，而且通过对点缀细节的创意设计，将强调推向了极致。这里，传统式样的领带被进行了超出常规的扭曲且多个叠折的处理，颠覆了人们对领带的固有的形象和概念认识，化普通为神奇。从事创意服装设计，设计师要能够很好地根据创意服装的风格把握重点部位对比强调的程度。如图2-13所示，作品的风格清新、单纯、柔和，因此，设计师只用了单一的平面与立体对比手法对重点部位进行强调；而事实上，在许多情况下，对比强调的手法不是单一使用的，如图2-14所示，里面运用了色彩、材质等多种对比要素。因此，我们还必须善于综合使用多种对比强调手段达到所追求的各种理想效果。

图2-13	图2-14	图2-15

图2-13　利用立体与平面、对称与不对称、灵动与平板及悬殊比例的手法对领胸部进行强调性的创意设计

图2-14　设计师大胆地采用非服用材料——可口可乐罐装饰头部，造成的不仅仅是材质间的对比，还有材料创新使用带给人的震颤

图2-15　遵循“强调原理”，颠覆传统表现形式的服装创意设计作品

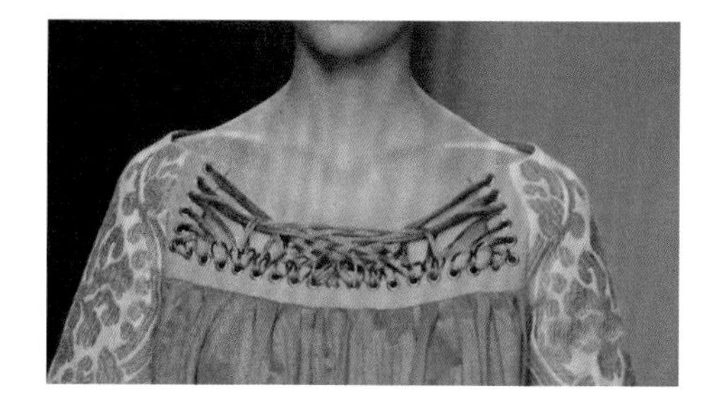

图2-16　创意细节，与整体服装及材质形成悬殊对比，突出地强调了领口——重点要表现的部位

图2-17	图2-18	图2-19

图2-17　嘎里阿诺的创意服装设计作品，将服装强调的重点放在了背部

图2-18　极其夸张的衣袖造型，强调了服装的肩部造型

图2-19　设计师采用极其锐利的块状组合与平简圆润的服装对比，强调了创意重点——头部

5) 和谐统一原理的创新应用

“和谐统一”有两大类基本表现形式：一类是“相似性和谐统一”，由于相似性，故具有温和、平稳的特点；另一类是“对比性和谐统一”，相对来说，这种和谐统一带有较多的对比活跃的性质，具有动态感，此种和谐统一是基于人的视觉心理需求而形成的，在此不进行展开论述。“统一中求变化”、“变化中求统一”这是处理两种和谐统一效果时所要把握的原则。

图2-20 统一中富有变化的创意设计

服装创意设计同样遵循“和谐统一”原理进行，根据创意服装风格而选取相应的和谐统一类型。不过在许多情况下，服装创意设计对此原理的应用更体现为复杂关系要素的介入和巧妙地处理，以及“极致感”的表现，更具有创意性和视觉震撼的效果。如图2-20所示是相似性和谐统一的创意服装设计案例，设计师选择了相同材质，相似色彩的面料，统一的垂荡休闲式款式造型风格，许多相同和相似的要素已经从大的感官上营造出了整体和谐统一的效果。精彩之处在于：设计师通过精心创意的多层次错落搭配设计，将对比变化的要素带入其中，让原本平淡无奇的和谐统一活跃了起来。不仅如此，3层服装交叠的形式分别从衣裙、胸领和腋下侧体处以不同的比例显露出来，彼此之间产生呼应的韵律感，动静相融。正是创造性地运用和谐统一原理，为该款服装注入了生命力。

图2-21所示是美国著名服装设计大师卡尔文·克莱恩(Calvin Klein)2011年至2012年秋冬在纽约高级成衣流行发布会上推出的具有“极简主义”风格的创意服装作品。整个作品的款式只取了一个非常简单的基本矩形，大面积的白色上镶饰了很小的一块灰色(同样处于无彩色系列)，形成了一点点弱的对比，配以细窄的领子，使整套服装精致、干练。设

计师将“相似性和谐统一”原理演绎到极致的程度。前面列举的图2-13也具有同样的极致和谐美的效果。

图2-22所示是嘎里阿诺2011年春夏推出的创意女装作品，很明显，这是“对比性和谐统一”的案例。在服装设计“三要素”中，色彩的对比要比面料和形的对比更具视觉冲击力。设计师采用的正是最具对比力度感的色彩对比。橙与蓝这组纯艳的对比色被分别作为上衣和裤子的色彩搭配在一起，比较刺激。设计师巧妙地选用了两个面料上共有的印花图案，其中暖白色为共有色；而蓝色面料中有少量橙色的介入，使对比的双方建立了很有趣的连带关系；在此基础上，将极具透明感的黑色纱衣套在橙色上衣之外，前襟处自然敞开，既从一定程度上削弱了两色的对比程度，又增加了整套服装的层次感，给人以充满视觉张力的感觉，同时又不失和谐统一的效果。

图2-21 | 图2-22

图2-21　Calvin Klein 2011年至2012年秋冬纽约高级成衣流行发布

图2-22　John Galliano 2011春夏女装，对比统一的创意服装设计

6) 对“五个W和一个H”原则的创新应用

(1)“Who to wear(何人穿)?”针对特定服装消费群体，针对特定的设计对象而展开服装的创意设计，这一点没有什么可说的，这是设计之本，是必须遵循的。然而，当今的创意服装设计更讲求摆脱常规的、程序化的对服装消费群体的认识，和对他们需求的理解，而是要更加人性化地研究、体会和挖掘消费对象实际存在的和潜在的需求，尤其是针对某个具体对象的个性化形象创意设计更是如此。这就是后面要论述到的当代服装创意设计所提倡的“体验式设计”、“情感化设计”等，总体被归结为“人性化设计”。据报道：日本高档孕妇装品牌Canlemon赢得了相当出色的市场销售业绩，主设计师关根慎在谈及设计体会时说，关键是及时掌握和研究孕妇的各种需求。为了做到这一点，他经常往医院妇产科跑，将获得的一手信息转化为神奇的设计。例如：他及时地发现了当今的准妈妈们即便在生理上的特殊时刻也要和时尚“零时差”的心理需求，由此他明确了自己所做的就是让她们延续美丽，随后，他将创意设计的重点放在了孕妇装的背部，完全按照普通女装版型来做。所创新推出的产品不仅赢得了准妈妈们的青睐，而且吸引了不少身体发福的胖太太们。此外，他还有到妇产科医院“蹲点”的经历，发掘出延长孕妇装寿命的一系列创意设计灵感：他把孕期前后的整体需求融入了设计中，一件看似普通的宽松式滑雪衫，拉开门襟拉链可以再拼接一块婴儿连帽斗篷，成了一件专为新妈妈准备的“袋鼠装”，可以把孩子暖和地贴身抱在怀中或背在背上；将哺乳用的开口藏在春装的层叠花边里面，把爱的情感和实用功能的诉求融入孕妇装的创意设计之中，使生活变得妙趣横生。可见，创意服装设计在对为何人设计的问题上，给予极大的关注，是创意设计的重要灵感之源。

图2—23 当代创意服装设计所具有的人性化设计特征

图2-24(a)、图2-24(b)所示分别是为当今顶红的超级性感时尚歌星Lady Gaga 设计的演出服。一个是以模仿生牛肉片的方式，将一块块“带有血腥味的牛肉片”披挂在了身上；另一个则是将两挺机枪筒装置在胸罩之上，采取了极端的、不可思议的、前所未有的创新手法来表现，远远超过了20世纪80年代初，戈蒂埃为当时性感歌星麦当娜设计的“蛋筒胸衣”的演出服，看上去令人咋舌。但在惊叹之后的回味中，却又使人体会到其创意设计定位的准确性和创意表现的恰当性。因为设计对象瞄准的是当代超级前卫、时尚、性感的代言人——Lady Gaga，她演唱的歌曲风格、舞台表演风格及个人形象风格与“牛肉片披挂装”所表现出来的原始的、粗放的、性感的、不羁的味道高度吻合；她舞台上表演的感染力，性感的魅力，绝不亚于机枪对人扫射的命中率和产生的巨大威力。可以想象，如果图2-24(a)中的“牛肉片”材料换为普通的面料，那将是如同嚼蜡，索然无味；如果图2-24(b)中的两个机枪枪筒的形式不用，仍采用麦当娜用过的“冰激凌蛋筒”的尖锥的形式，虽然仍具有性感和刺激性，但失去了创新与更进，那将是令人失望的。所以，创意服装设计在应用设计基础理论时，十分注重将创意的理念融入之中。

(a)

(b)

图2-24　针对当代的性感时尚明星Lady Gaga 而创意设计的超前卫时尚风格的演出服

(2)“Where to wear(何地穿)?”图2-24(a)、图2-24(b) 同样说明了何地穿的问题。这两款创意服装不仅仅只是因为准确地对位了穿着者，而且同时也定位于演出场合穿的服装，才获得成功的效果。如此离奇古怪的服装在舞台上是能够被人们认可的，没有这么刺激，恐怕还不能过瘾。但若不是出现在表演舞台上，即使是相同的穿着者Lady Gaga穿，也不能够被人们所接受、所称道，哪怕是那些前卫时尚的年轻人。毫无疑问“何地穿”这个服装设计的基本原则是非常重要的，创意服装设计必须遵守。但在具体应用时，可能会在大的原则的基础上，冲破常规，追求个性化的表现方式。例如：空姐这个职务，决定了在空中飞行的工作场合及所从事的服务内容。其职业服似乎在人们的心目中已树立了概念性、规范性的样式，但仍需要对其的创意设计。图2-25所示，是韩国空姐的职业服，是一个成功的创意服装设计的案例。在遵循了穿着场合设计原则的基础上，设计师保持了经典的空姐夏日制服的基本款型，稍加小的结构变化，而将创意设计的焦点瞄准了色彩和装饰细节：精心地挑选了具有清雅、端庄、沉着感的中明度蓝色和白色色组，该色组既是空中蓝天白云的象征，又能抽象地代表韩国妇女的性格品味。同时，设计师又将这两个色彩在职业装的上、下、里、外进行倒置、介入等搭配处理，形成了有趣而富于变化的搭配组合服装系列。尤为生动的是硬纱立体长尾侧结，以及极具朝鲜族特色的弯曲交叉头饰细节的创意设计，充分展示出了韩国空姐所特有的气质风韵，很有味道。值得注意的是：所有这些能打动人的创意设计都是围绕着空姐这一职业，这一工作场合的大的框架要求下进行的。

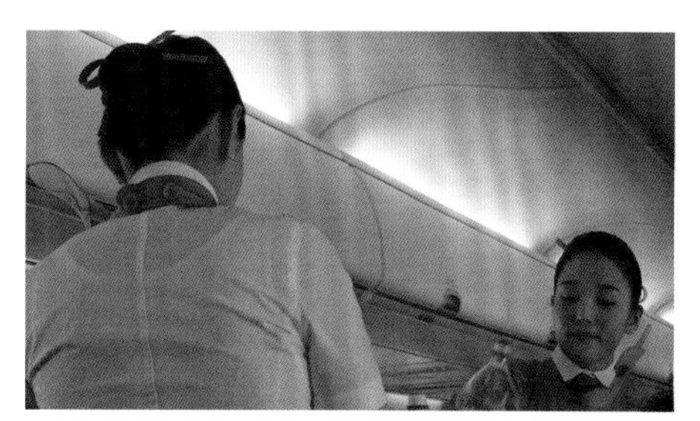

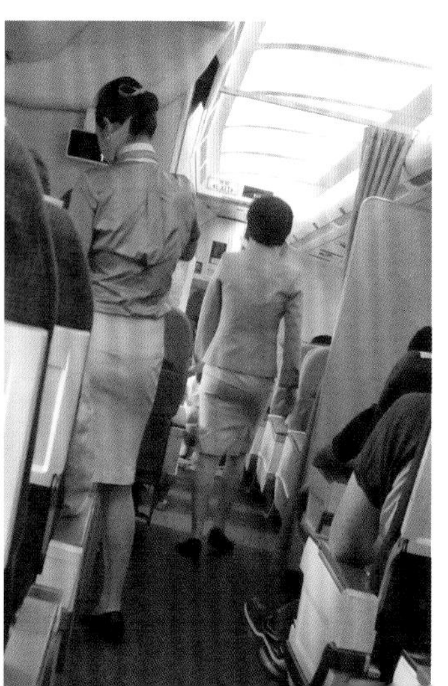

图2-25　韩国空姐的职业服是一个成功的创意服装设计的案例，在遵循了穿着场合设计原则的基础上，通过色彩和细节的创意设计，充分展示出了韩国空姐所特有的气质风韵

(a)

(b)

图2-26　具有多种场合穿着适应性的创意服装设计

此外，服装创意设计在对“何地穿”设计原则的创新应用时还表现为对场合的创新理解与表现上。前面列举的是职业装创新设计的例子，这类服装对场合的指向性很强，而对于非职业服类型的创意设计，其场合性的把握又有什么特点呢？随着时代的变迁，人们对场合与着装的对应性关系要求发生了一定的变化，甚至于是较大的变化。由此带来了两者间对应关系界限的模糊。变化本身就反映出新的观念、新的生活态度与方式以及新的审美趋向的形成，例如：近多少年来，我们越来越多地看到穿吊带裙，夹脚拖鞋式样装束的女性出现在酒店的餐厅和聚会的场合，牛仔装也登上了大雅之堂。服饰与场合的对应表现关系发生了很大的变化。而这也正是创意服装设计所要瞄准的重要地带。直接针对场合空间的放松度、服装与场合间对应界限的模糊度展开创意设计，容易造成突破点，并产生新意。还是如前面对创意服装所作的评论那样，它注重寻找在某一大的设计原则框架下创意表现的极致点。针对场合与服装对应关系模糊区域进行创意设计就是在挑战传统，开创新的服饰形象。近年来，流行新的带有环保意识的着装理念，对那些只能在很少的场合下才能服用的服装产生质疑，提倡一装多场合穿用。所设计的服装具有随服用场合变化而变化的功能，只要稍加搭配组合就能适合在另一个场合环境中服用。这成为了服装创意设计的一个重点，相当多的服装品牌都以系列可自由配搭组合的服装形式推出应季新品，受到消费者的青睐。如图2-26(a)、

图2-26(b)所示，两套服装都定位于白领女性，都采用了将正规的服装要素与休闲的要素相融合的手法，扩展了服装的穿着范围。前者里面的连衣裙设计得简约大方，细节精彩，可以单独作为小礼服穿着出席鸡尾酒会类型的礼仪场合；外衣的面料保持了精纺羊毛(绒)的高品质特点，但款型设计则比较宽松，并且将兜帽的元素加入进去，两件服装搭配组合后，既给人有雅致、正规的感觉，又具有柔和、亲切的性质，适合办公室工作和出入一般较为正规的场合；后者则是独具匠心地运用圆润的肩部及口袋造型，特别是高腰节装饰带扣细节的设计弱化了正统的西服套装硬挺的廓形和常规的结构，当然，精致的软皮材料的搭配使用也对整体着装起了一定的休闲化的作用。整套服装干练、得体，又不失时尚感与休闲意味，可在多种白领女性工作与生活场合下穿着。

总之，服装创意设计要充分考虑“何地穿”设计原则，善于根据不同的场合营造不同的服装表达意境，在此基础上深入挖掘场合对应于穿着者内心的关系；探索场合与着装间的新的表达形式，在寻找创意细节和挖掘个性化上有所突破。

(3)“When to wear(何时穿)?”“何时穿”与“何地穿”之间有着十分密切的联系，有时甚至于是指向统一的概念或内容，很难将其分开，比如“婚礼服”、“晚礼服”、“旅游服”、“运动服”、“工作服”等，这些都是既有“何时”的指向，又有“何地”的指向，两者完全融合在了一起。如此连体的一致性，导致了对服装创意设计要求与影响的一致性。与此同时，它们同样随着时代的变化，人们观念的变化而改变着与服饰穿着相对应的关系，作用于服装的创意设计。这些内容在前面已进行了分析，这里就不再重复论述。当然“何时穿”概念本身也存在着与“何地穿”无大关联的特殊指向，例如：反映人生成长不同时间段着装的内容——儿童装、少女装、淑女装、成熟性女装等；反映季节变化着装的内容——春、夏、秋、冬季服装等；以及反应时尚流行与否的内容——前卫服装、时装、过时服装等。这里主要针对这些来谈论。

对于反映人生不同阶段的“何时穿”内容，实质上归根到底还是一个“何人穿”的问题，只是年龄在这里是划分归属穿着对象的主要依据，因此，服装创意设计的侧重点自然偏向于对不同年龄穿着者外观特征、心理特征、生活方式的研究。“洛丽塔”服饰风貌的兴起与广泛流行就是一个很好的例子：它是服装设计师对当代年轻女孩子表达情感需要的方式以及内心审美的需求在服饰装扮上的极好演绎，用黑色、白色、粉红色、蝴蝶结、蕾丝、朵花装饰、迷你裙、刘海、性感内衣、成熟妆容等，创造出了既清纯可爱，又成熟花哨的美丽鲜活的形象。图2-27所示是日系Peachy Girl 2011年推出的带有洛丽塔(Lolita)

风格的婚纱礼服，该品牌对于这个系列产品的广告词是这样写的："彩色婚纱系列装扮出像蜜桃一样甜美可人的洛丽塔风格新娘。对于年轻的准新娘们来说，跳出婚纱一定要端庄大气的刻板印象，选择风格更加可爱的婚纱礼服，给自己一个童话故事般的婚礼，又何尝不是一次美好的回忆呢？"从中可以看出：该系列婚礼服设计的创意焦点是瞄准了新娘年龄层面女孩子们追求崭新的衣着态度，和寻求有别一般的生活方式的心理倾向。这是针对年龄内容"何时穿"创意设计的核心要点。

图2-27　洛丽塔(Lolita)风格的婚礼服

季节是进行服装设计、生产与销售周期性运行规律的依据，其重要性不言而喻。根据季节的变化规律进行设计，这个原则不容置疑，是进行服装创意设计的前提条件之一。季节的冷暖对服装的类型和款式造型有一定的规定性，例如：在冬季，需要穿厚实面料的防寒服，其衣领应该是封闭式，袖子要长一些，最好用交叠的门襟式样，袖口采用"克福"的形式或系带的形式防风保暖，而夏季则相反。这些是长期形成的习惯和规矩。对于服装创意设计来说，顺应季节变化的要求是一定的，但约定俗成的东西恰恰又是进行创意突破的地方，"反季设计"是创意设计时常采用的方法。图2-28所示是Dior品牌推出的2010年秋冬女装，给人耳目一新的感觉。仔细观察就会发现，整个系列服装打动人的新颖之处主要在于单品女外套与反季面料飘逸薄透的纱裙组合。设计师的创意设计是在顺应与突破季节规律之间进行，在保暖的大的背景之下实现反季服装外观的创意设计。这也从某种角度说明了创意服装设计的特点——遵循基本设计原则，又对在此原则下生成的传统规律发动进攻，创新突破。

"何时穿"中时尚流行程度的概念和内容在服装创意设计中表现得尤为突出。创造新的服饰流行，这是创意服装设计所肩负的基本任务。正如本书第一章对服装创意设计主要表现方式与特点论述的那样，它主要有"颠覆型"、"推陈出新型"及"功能创新型"三

图2-28　Dior品牌推出的2010年秋冬女装，将单品女外套与飘逸薄透的纱裙组合，给人耳目一新的感觉

大类。在表达时尚流行程度“何时穿”概念时，颠覆性服装创意设计具有引领世界时装潮流的作用，属于创新的突变；它产生的基础是更为普遍存在的推陈出新创意设计渐变的积累，推动着时装潮流的发展。

如果说图2-27所示的“洛丽塔风格的婚礼服”挑战了传统格调的新娘装，那么将其与图2-29作比较的话，则可谓是“小巫见大巫”，只能算作婚礼服的推陈出新。这是一个题为“僵尸新娘装”的创意设计作品，出自有“解构主义反时尚教母”之称的日本设计师川久保玲之手，2005年推出。玩偶式无血色的妆容，解构的部件与面料随意式地披挂组合，无架构、不对称的造型等，彻底颠覆了传统婚纱礼服所塑造的纯洁、美丽、庄重的新娘形象，给人以一种神秘、诡异、灵动、消沉，甚至于恐怖的感觉，由此引起人们的哗然和热议。被称之为时装界“坏孩子”的亚历山大·马克奎恩也在前后推出了印有骷髅头纹样的围巾、衣衫和箱包，如图2-30所示。如此意味的设计却在随后的哥特式风格的流行中得到了延续和光大，如图2-31所示。可以说具有颠覆性的超前卫的原创设计并不是设计师挖空心思，凭空想象的结果，“僵尸新娘装”、“骷髅服饰”的出现也不是空穴来风，而是源自设计大师们对当代青年人生活态度和渴望的敏锐的挖掘和诠释。普遍存在于当代年轻人的一种倾向是对政治的极端冷漠，很多人被一种毫无快乐和成就感的生活所主宰，寻求禁忌的爱和彻底的痛苦带来的美感。

图2—29	图2—30
图2—31	

图2—29　2005年由日本著名设计师川久保玲推出的具有颠覆性的创意设计，题为“僵尸新娘装”

图2—30　亚历山大　马克奎恩推出的“骷髅围巾”和“骷髅戒指把手箱包”

图2—31　哥特风格在现代年轻人的装扮中流行

通过以上实例的分析，可以清楚地看到针对“何时穿”服饰流行概念的创意设计有着程度上的差异，但是，创新、创造流行是本质性的特征。

(4)“What to wear(穿什么)?”穿什么的创意空间比较大，设计师所面对的因素也比较复杂，既牵扯到“何人穿”的问题，又关系到“何时穿”与“何地穿”的问题，关键是对所设计对象的认识，对消费者内心需求的把握。相对于特定的时间和特定的场合，穿什么也有特定约定俗成的讲究。设计师在对待“穿什么”的问题上，除了遵循大的设计原则选择不同的服饰类别进行创意设计之外，还表现为对传统“穿什么”潜在规律合理的创意性设计和突破，这样的创意有可能带来意想不到的新颖奇特的魅力。图2-32所示为著名的电影明星戴安·基顿(Diane Keaton)身着一身男子的正式礼服出席第76届奥斯卡金像奖颁奖仪式，成为媒体和众人关注的焦点。虽然挑战了传统女明星们穿着华丽的晚礼服长裙的规矩，但此创意在给予人们视觉震撼的同时，更是一种让人对这位影星气质、才貌的品位。戴安·基顿究竟是怎样的一位影星呢？有网友评论道："骨灰级戏骨，风情可爱的老女人"，"知识就是力量，知识就是美丽"……正是针对这样特定的穿着者，这样特定的时间与场合，正是针对"穿什么"所作的创意设计，获得了让穿着者更显风姿绰约，内涵深厚，个性十足，脱颖而出的成功效果。

图2-32 戴安·基顿(Diane Keaton)一身男装亮相奥斯卡颁奖礼

(5)"Why to wear(为何穿)?""为何穿"涉及的是服装创意设计的目的。明确的目的性是服装创意设计的重要前提条件。对服饰穿着心理的探讨是创意服装设计确立目的性的基本依据，是在"为何穿"问题上重点要解决的问题。这个问题仍然与以上所提及的各方面设计原则密切相关，但它更侧重于对人的内心世界的体验与展示，更具有情结感和故事性，更具有目的性的表达。与其他设计原则要素相比，更趋于深刻层次的挖掘，是服装创意设计研究的重点，也最能发挥服装创意设计的特征优势。不能孤立地考虑穿着对象、何时、何地等的问题，必须是综合的、立体化全方位的考虑。图2-33所展示的是2009年俄罗斯总统梅德韦杰夫与总理普京在一家咖啡厅里关注俄罗斯与阿根廷足球友谊赛的场面。这样的场面是精心策划和安排的，谁都能体会到在这轻松消遣的气氛中所充盈的政治色彩和目的。服饰形象设计师牢牢把握住了创意设计的目的——通过两位俄罗斯举足轻重人物的穿着，展示俄罗斯前任总统与现任总统之间相处的和谐及亲密友好的关系，把这个重要的信息传递给俄罗斯民众及全世界。综合各方面的因素，包括特殊人物的定位、场合的选择、内容的选择、穿什么的选择、穿着方式的选择等，进行服装创意设计，达到"为何穿"的目的。应该说创意设计是成功的：前总统普京一身休闲的装扮，夹克衫敞开露出里面亮蓝灰色的衬衫，衬衫的领子设计很考究，精致的贴边处理，将外套色彩带入其中，里外呼应，风雅而富于变化；敞开衬衫领口及外套夹克的穿着方式，给人以轻松舒适的感觉；配以牛仔裤、运动鞋，所塑造出的普京的形象精神而充满活力，成

图2-33　俄罗斯总统梅德韦杰夫与总理普京在一家咖啡厅里关注俄罗斯与阿根廷的足球友谊赛的场面。形象设计师很好地通过服饰的“语言”表达出了“为何穿”创意设计的目的

熟而富有魅力。现任总统梅德韦杰夫一身深藏青的带有海军风格的套装，既沉稳又活泼，其白色的海军大翻领尤为以人注目，显示其年轻而富有朝气，圆领套头衫增添了亲和力。总体来看，两位总统着装都是休闲风格，特别是在色彩的运用上达到了和谐呼应的视觉效果，很好地营造了轻松、融洽的气氛；而两者的着装在和谐呼应中又各具特色，很好地体现了彼此诙谐、风趣、各具特色的个性。这是一个典型的针对“为何穿”而进行的服装创意设计案例，值得借鉴。

(6)“How to wear(怎样穿)?”怎样穿涉及服装的穿着方式和搭配组合的问题。归根结底反映的是人的着装理念的问题。创意服装设计在处理这个问题时，重在创新，或者是推出全新的着装方式，或是在已形成典型的穿着方式的基础上，在某一要素或某些要素上进行创新，总之是要创新，引导大众的穿着方式和搭配情趣。当然，创意思路和创新表现源自于着装者不断变化着的服饰审美情趣和个性化倾向。时装设计师要回答好“如何穿”的问题，就必须努力将存在于人们内心的、潜移默化的个性化追求和新颖别致着装方式的需求通过创意服饰设计语言表达出来。图2-34所示是Paul Smith 2011年~2012年秋冬伦敦女装新品发布会作品，将创意定位在当今都市白领女性正统与非正统相融合的穿着方式上。仍然是遵循何人穿、何时穿、何地穿的原则，并寻求在穿着方式上的新的突破。现代白领女性工作紧张，工作环境严肃，承担的工作压力很大，渴望轻松减压的内在需求很突出。作为职业女性，一方面，她们要严格遵循职业操守和规矩，包括约定俗成的着装规范；另一方面，她们又从内心希望能摆脱长期所形成的规矩，减压和个性化的释放，深陷矛盾的状态。保罗·斯密斯(Paul Smith)品牌的设计师充分察觉到当今白领女性的内在诉求，特别在“怎样穿”上下工夫进行创意设计，用混搭、多层次和松垮不整的“街头时尚”的着装方式(松扯的领带、低腰的束扎、卷起的裤脚等)将传统职业女性的衬衫、领带、外套、背心、合体筒裤串联在一起，呈现出带有革命性的着装方式的改观。而这种改观还是建立在保持白领女性服装类型、品质、基本色彩基础上的，因此着装方式的创新虽很大，但仍然具有象征白领女性的标志性。如图2-34(b)所示，由于将牛仔裤介入整体的装束，故改观要更大些，不过，就当今服饰穿着观念来看，也还是属于能够被接纳的范围。从此创意设计的案例中，我们可以清楚地看到“推陈出新”创意设计的特点和魅力。

图2-35所示另一例在穿着方式上进行创意服装设计的作品。与上一例相比，它比较单纯、轻松，侧重于对穿着方式在功能形态上的创新，基本上不涉及对传统规矩、观念的突破上。它属于服装创意设计主要表现方式与特点的第三大类——“功能创新型”。设计师的创意集中在“一装多功能变化”的设计上，鲜艳的绿色面料被创意设计成图2-35(a)所示的环状的装饰性围巾和图2-35(b)所示的短型外套，穿着者可根据具体的环境、时间、场合、心情等来更换穿着方式，得到别致、新颖、不同的迷人效果。不仅如此，由于一装多用，可以适合多种情景下穿着，与绿色环保理念相吻合，故在成衣市场上受到大众的特别欢迎。显而易见，“怎样穿”这个命题为服装创意设计提供了发挥其特色的精彩的空间。

(a)

(b)

(c)

图2-34　Paul Smith2011年至2012年秋冬伦敦女装新品发布，将创意定位在当今都市白领女性正统与非正统相融合的穿着方式上

图2-35(a) | 图2-35(b)

图2-35 在穿着方式上进行创意服装设计的作品

3. 小结

(1) 服装设计的基本原理与规律通用于服装创意设计，但对于服装创意设计来说，它遵循的只是大的设计原理与规律。

(2) 服装创意设计本质特征是创新和突破。在大的设计原理与规律的基础框架下，那些既定的、约定俗成的规则和固有的关系模式，往往会是服装创意设计寻求创意灵感所瞄准之处。

(3) 服装设计的创意程度取决于所设计服装的类型和性质。它分为“颠覆型”、“推陈出新型”及“功能创新型”三大类。

(4) 服装创意设计对设计原理和规律的创新应用，更多地表现为综合性、灵活性、独特性。

二、服装创意设计的基本手法

1.“解构”的创意手法

服装创意设计所采用的一个基本手法就是打破传统的、老的，甚至于经典的模式，“解构”，正是打破这种模式的一个有效的方式。所谓“解构”，即是将原本存在的形式肢解为零碎的个体部件，这些被肢解的部件就作为独立的设计元素而存在，成为服装设计师创意设计的基本素材。由于这些被肢解的部件还带有原形的某些特征，因此，它们在设计师手下并不是一个简单的形式要素，而是带有象征意义和内涵的、有生命的东西。

对于服装的解构设计来说，非常常见的是对服装的解构。当然，这里所提到的“解构”并不是说对原始服饰的任意分割，而是从服装的结构角度进行，一般都比较好地保留了原服装部件的完整特征，如口袋、衣领、袖子、门襟、衩口等。当然只要按照服装的结构来肢解，可以得到从大部件到小部件，再到细节的解构。解构的方法可以使设计师得到更多的设计素材，而且是具有一定含义或象征意义的素材，在重新组合时，这些解构的部件会给观赏者带来一种意想不到的喜悦和创新的趣味。同时，部件中所蕴含的象征意义也会作用于人的视觉心理，使人产生联想或某些情绪的体验。如图2-36所示，分别可以清楚地观察到双排扣西服和翻毛领皮革外套被肢解后保留领子和前胸，成为带有鲜明认知感的部件，这个部件被设计师们分别作为崭新的核心设计元素与其他服装和部件结合，生成创新的服饰外观。其中图2-36(a)所示的设计采取了“减上加下”的手法，将解构得到的西服胸领部件直接在臀围线处与短裙相拼合，拼合的方式及呈现出的款型与工装裙(裤)同构，因此，所造成的视觉反差比较大。非正规、休闲的感觉占了上风，而解构的西服部件所带有的原本的正规性的信息，以及精纺毛料的使用，又使新款服装具有高级的性质。图2-36(b)所示的设计则采取了“偷梁换柱”的手法，将解构得到的前胸襟领子的部件与斗篷式缺襟大衣相结合。由于对换的两个部件在风格上及在位置上比较接近，故创意的效果反差不是那么大，但在长短、材质上形成对比，充满了灵动变化的趣味。

图2-36(a) | 图2-36(b)

图2-36 采用解构手法创意设计的服装

图2-37 日本设计师推出的解构重组的创意设计的服装

图2-37所示为服装解构主义大师川久保玲的学生、日本设计师渡边淳弥(Junya Watanabe)的解构创意设计作品。看得出，被肢解成大大小小的部件带有明显军猎装的痕迹，这些部件元素或是以拼合，或是以贴补，或是以垂挂等方式被设计师按新的形式和休闲女装的结构进行了新的创意组合，呈现在人们眼前的则是变化丰富、生动活泼、厚实而充满沧桑感的服饰，而部件元素本身所带有的军猎装的意味，仍然在作品中清晰可感，这正是解构创意手法的独到之处，创新效果的表现在似与不似之间。

解构创意服装设计并不局限于对服装本身的肢解，解构实际上是一种创新设计的方法，在构成设计理论中就有“打散构成”之说，也就通过解构或打散的方式，冲破原有事物的固定组合模式，这包括约定俗成的服装款式结构、色彩搭配、面料组合、固有的图案花纹的形式等。图2-38所示就是一款典型的服装固定面料搭配形式的解构创意设计案例：设计师大胆地将长型大衣的毛皮与厚实面料的常规组合解构分离，而把毛皮领及镶边与透明的薄纱混搭成一体，看上去还保持了大衣的款式，但在面料的组合上却是颠覆性的突破。

图2-38 法国著名时装设计师戈蒂埃(Jean Paul Gaultier)解构混搭创意设计作品

2. “混搭设计”的创意手法

“黄+蓝=绿”这是一个色彩规律性混合原理的公式。由于黄色和蓝色分别是两个原色，当它们融合在一起的时候，就生成了一个新的色彩——绿色，在这个新的色彩中既有黄色的成分，又有蓝色的成分，但它即非黄色也非蓝色，而是一个崭新的间色。因此人们借用这个色彩混合原理公式作为创新设计公式加以总结与应用：将黄色和蓝色分别代表着两个独立存在的事物，对彼此不同的事物进行混合搭配处理，形成新的事物，创造新的视觉形象。这就是后现代主义时装设计常使用的一个基本的创新手法——“混搭设计”。此手法从古至今一直在用，但真正被提炼总结为创造公式，并加以有意识地追求运用，则是上个世纪中后期的事，不仅在服装领域，而且遍及整个时尚领域，混搭创新设计成为了时尚热宠。混搭设计手法的应用，使时装作品更容易出现破旧立新、新颖独特的效果，具有不确定性、综合性和融通性，统一中孕育着丰富的变化；但同时，混搭也容易出现混杂、刺激、不协调的感觉。混搭设计的关键在于对服饰整体风格的把握。

不同设计元素的混搭，看似随意自由，但事实上并非如此，需要设计师的智慧和功力。主要体现在：①对混搭设计元素的选择，要使其具有外在形式或内在含义上的彼此同构联系；②按前文所表述的服装设计的基本原理和规律进行。无论多少元素的组合，只要彼此间有联系，形成秩序感，就能够很好地把控混搭的整体效果。图2-39所示是嘎里阿诺的混搭创意设计作品，设计师精心选择了美国星条旗的色彩和纹样的元素、牛仔的元素、嬉皮的元素、街头时尚的元素、性感的元素等，将这些众多的设计元素组合在一起，上上下下、里里外外地分布在服装上，看上去琳琅满目，很有视觉冲击力，但它们在混搭的过程中形成了一个风格鲜明的整体。图2-40所示是追求混搭不同针织肌理效果的创新设计作

图2-39 | 图2-40

图2-39　采用混搭设计手法创作的服装作品

图2-40　追求混搭不同针织肌理效果创新设计的作品

品，作者在混搭的设计中强化了节奏韵律的布局，加上对均衡感的把握，达到了别具一格的变化统一效果。图2-41所示是一张街拍的照片，看得出，混搭的创新设计手法已深入人心，并在个性化的着装打扮的实践中，得以很好的应用。这些案例再次说明：对各种设计元素关联性的把握，以及服装设计基本原理在混搭中的运用是十分重要的。

混搭设计的创意手法与解构设计的创意手法有着十分密切的关系，往往混搭的设计元素都带有鲜明的解构特点，从上一小节列举的图例中都能观察到“解构”与“混搭”两者之间的关联性。这里，再解读一个出自法国著名时装设计师戈蒂埃之手的精彩的解构与混搭作品，如图2-42所示，这个作品给观者第一印象的是里面穿着的旗袍式连衣裙前面拼合的带有缎面光泽棕红色的造型，这个造型来自于设计师对西式礼服的胸腹体部的解构，具有西式礼服塑造女性人体的典型特征。令人称绝的是：设计师将这个西式礼服的特征部件巧妙地嫁接到中式旗袍风味的服装之上，使作品不仅富有形式美感，而且在中西服饰元素的混搭融合中，产生内在意蕴，作品的创意由此而得到了升华。

图2-41
图2-42

图2-41　混搭已成为追求时尚前卫青年人常用的手法

图2-42　法国著名时装设计师戈蒂埃(Jean Paul Gaultier)另一个解构混搭作品

3. “讲故事”的创意手法

美国著名的流行趋势专家马特·马图斯(Matt Mattus)在他的著作《设计趋势之上》中指出：“当故事性、娱乐性成为商品的终极需要后，设计师仅仅画出美观的设计图已经远远不够，唯有认真地‘讲一个故事’，让最终使用者感动到无以复加，这样的设计才算成功。”这里所提到的正是本节所要重点表述的内容。

创意是服装设计的灵魂，而讲故事则是让服装创意设计施展无限魅力的有效表现方式。通常，此种创意手法是紧紧围绕创意设计主题进行的，将设计渲染成一个动人的故事，向人们娓娓道来，这里出现的色彩、面料、款式造型等，不再是单一孤立的，不再只是单纯的服装，而是各要素彼此紧密整合，多层次立体化，能够引发人们想象和令人向往的故事意境，以此打动消费者，达到征服消费者的目的。世界著名的时装设计大师卡尔·拉格菲尔德是一位讲故事的超级高手，他执掌香奈儿品牌几十年，不断地随时代变迁为品牌添加新的故事素材，非常成功地延续着这个经典品牌高品位生活的故事，使之成为世界上成功和向往成功女性的梦之天国，如图2-43所示。图2-44所示是阿玛尼的二线玛尼 (Marni) 品牌2011年春夏季“潜水运动”系列女装作品，设计师采用圆形镂空的面料肌理，带有漆皮亮光感的面料，黑灰+缤纷的色彩，简洁的廓形，流线感的线条，现代感的配饰，紧贴腿型的短裤，貌似橡胶材质宽条图案的紧箍头形的帽子等，多方位地打造了充满运动青春活力，时尚前卫的服饰形象，颇具感染力。同时，“潜水运动”的主题也在诱导消费者进入在水底探险那种新奇和魅力的故事性想象里，并着迷于其中。

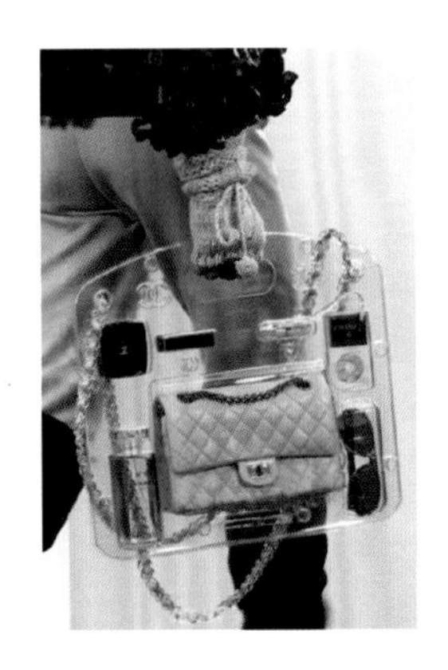

图2-43　香奈儿品牌设计总监卡尔·拉格菲尔德不断地挖掘新的素材，编撰现代女性高品质生活故事画面，延续着对这一经典品牌故事的讲述

图2-44　玛尼(Marni)品牌2011年春夏季“潜水运动”系列女装作品，为消费者勾画了一个充满活力探险运动的故事画面

“讲故事”的创意服装设计手法，除了要全方位地营造好动人的故事意境之外，还要注意的是选择有故事内容的素材，这与前面提到的混搭设计象征性元素选择要点相一致。所谓有故事内容的素材是指：带有典型内在意蕴和象征性含义的东西，比如和平鸽、十字架、吉祥图案等。它们本身所带有的故事性情结和内在指向性含义在服装主题创意设计中发挥着特别的作用，会强化所描绘故事的可读性、情趣性和深刻性。图2-45所示是中国著名高级定制服装品牌“东北虎NE·TIGER”基于对中国传统服饰文化的创新设计作品。设计师别出心裁地截取了中国传统服饰兜肚的颈胸部位，并将其嫁接到具有浓郁传统色彩和图案意味的裙款上。兜肚在中国传统服饰文化之中作为一个具有典型意义的代表占有重要的位置，它集传统服饰理念、审美观、情感、性感、趣味等于一体，蕴含着丰富的寓意。兜肚元素的使用，使这款服装拥有了意味深长的故事感。假若是同样的造型，而无兜肚元素的认知，这款服装则是很普通的，不会有如此视觉心理的震撼。此款创意设计的成功之处还在于将故事感与当代的流

图2-45　具有故事感的服装创意设计作品

行融合在一起，以中国传统服饰元素的创新组合设计演绎了当今内衣外穿，表现性感服饰效果的流行趋势；同时，兜肚的绳带又巧妙地与现代流行的多层次领部造型特点相吻合。

总之，以“讲故事”的创意设计手法向消费者推出的不仅是新的服装款式，更重要的是推出主题系列服装款式所体现出来的生活方式“Life Style”。同样，人们在购买服装时，不仅仅是看服装本身，更是看服饰穿着下的生活状态。这样的服装创意设计就更有感染力、更深刻。

4. 体验式的创意手法

体验式设计表现为：注重顾客的理性需求，并强调其作为一个“人”的感性要求而进行的设计；注重利用体验创造品牌与顾客的情感联系，充分考虑顾客的个体生活方式及其更广泛的社会关系，在诸如感知、感觉、思维、行动等多方面触动顾客的感受，引发顾客对品牌行为上的投入，最终激发顾客对品牌的忠诚；注重考虑顾客的生活与消费情境，将设计紧紧地与顾客的生活方式相连，为顾客带来更体贴、更愉悦的感受。与过去不同的是商品、服务对消费者来说是外在的，但是体验是内在的，存在于个人心中，是个人在形体、情绪、知识上共同参与的所得，来自个人的心境与事件的互动。这是人性化设计的具体体现。体验式设计的指向非常明确：直接指向消费者，指向消费者对产品的主、客观感受及由此而引发出来的各种需求。而“体验”是一种以亲身经历为特征的方式，设计师通过此种方式不仅能够直接获得来自消费者的各种真切的需求，而且还能够体验到存在于消费者内心潜在的需求倾向，创造需要，从而有针对性、有感觉、有把握地进行设计。体验式设计作为人性化设计的重要方式被当代服装设计师采用，世界著名运动品牌NIKE公司的设计师马克·帕克尔(Mark Parker)在接受媒体采访时被问：“当你设计时，心里是怎样想的？”他的回答是：“运动员和他们的需求，我们听取他们的意见，研究他们，并聚焦于解决他们所遇到的问题，这些正是我们能够继续拓展新的思维方式，鼓燃着我们创造力的根源。”图2-46(a)所示是爱迪达品牌推出的极具迷人梦幻气息的运动休闲鞋款，设计师充分体验到了现代青少年的动漫情结与追求时尚、“炫”、“酷”、彰显个性的内在需求，将运动鞋左右脚外侧穿带部位设计成天使的翅膀，配以炫亮的迷彩，深受青少年的喜爱。图2-46(b)所示表现的是一个防止牛仔裤拉链脱滑的细节设计，可以说设计师是在切身体验到穿着者需求的基础上而进行的精心设计，突出地体现了人性化设计的观念。图2-47所示是编者拍下来的一张有趣的照片：记录了一位大学生由于冷天骑自行车，将毛衣袖拉长护手保暖，同时又由于双手撑顶毛衣袖口来握住自行车手把，而经反复拽拉磨损后，两个大拇指硬生生地将毛衣袖磨出了洞眼，自然形成了照片上所表现的半截露指手套式的服饰。这无疑是一个很好的服饰创意设计灵感。时隔3年多的近日，编者在小商品商店中真的就发现了此种设计的长臂手套。莫非设计者身边也有一个如图2-4所示这样的真实画面，但消费者的这种内在需求是存在的，应该说设计师通过对穿着者这种需求倾向的发掘与体验，设计出了此种袖管手套，如图2-48所示。

(a)

(b)

图2-46　以人为本的“体验式”服饰设计作品

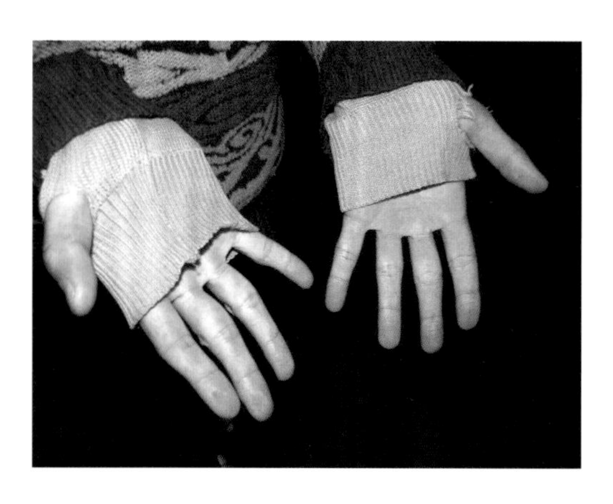

图2-47　生活中自然出现的服饰现象

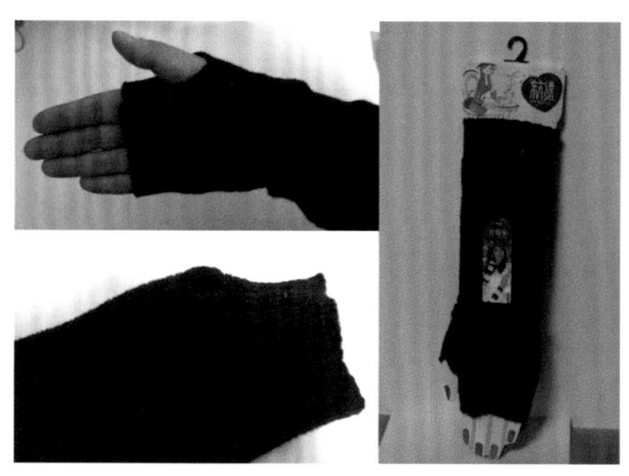

图2-48　体验到消费者需求的服饰创意设计

5. 情感化的创意手法

情感化设计是指以人性化的理念从事产品设计，努力将人的情感要素植入到设计之中，使设计作品与人之间具有很好的亲和力，并形成稳固的情感纽带，在满足人们对产品普通实用性需求的基础上，又满足了情感上的深层次需求，使用户产生正面的，甚至于负面的情感体验，从而作用于人们的价值判断和消费行为。将情感化设计应用于具体的服装设计就是这里所说的情感化服装设计。人类在当代社会背景下的生活与工作处于情感严重缺失的状态，需要情感化的补充；人类置身于商品与信息的汪洋大海之中，需要借助情感的判断抉择事物，体现自我；人类承载着强大的生活与工作压力，需要情感方面的慰藉和释放。综合所有这一切，便形成了当代人们对情感的强烈呼唤，对人性化的强烈呼唤。所以，在20世纪末21世纪初，提出了“高科技需要高情感的补充；高智商需要高情商的平衡”的口号，“全面注重美观和情感因素的设计潮流”由此应运而生。图2-49所示是三宅一生(Issey Miyake)2004年至2005年秋冬推出的“太空主题”时装，一改人们对太空冷漠、无生命的感受，用温润的粉红、粉蓝等色彩营造出富于温馨浪漫情怀的气氛，使太空服装也变得柔和、亲近，富有人情味。

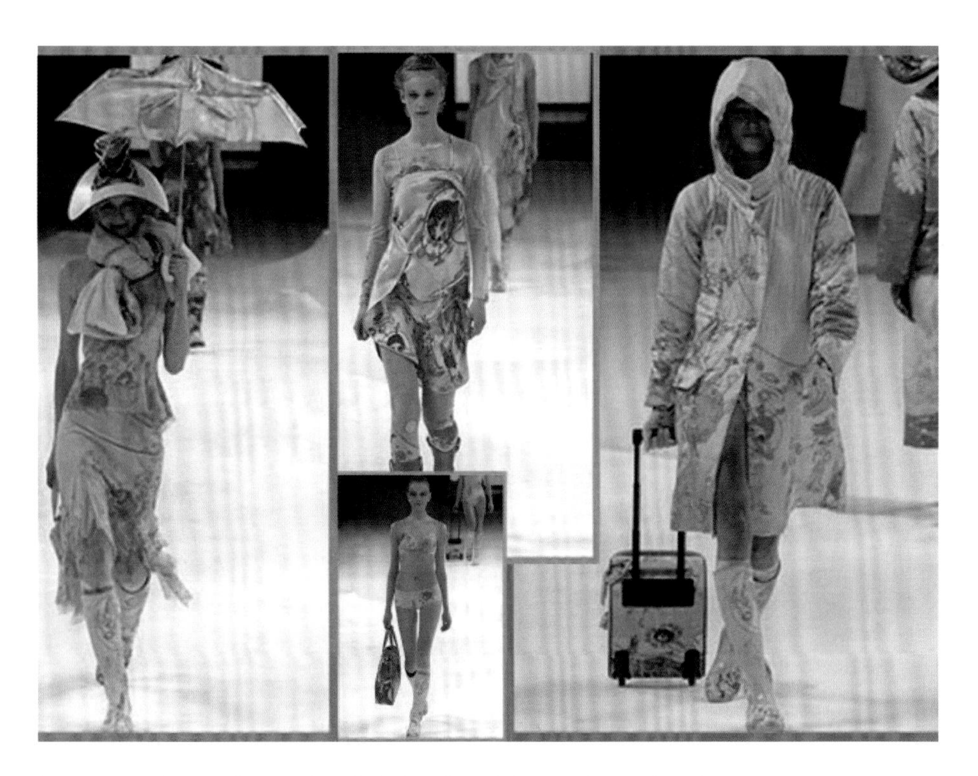

图2-49　三宅一生推出的具有浓重情感化色彩的“太空主题”时装

情感化特征在现代服装设计中的表现其形式丰富多彩，进行归纳可以概括出：①令人高兴的情感化表现；②令人舒适的情感化表现；③令人怀旧的情感化表现；④能够唤起体验复杂感受的情感化表现；⑤用情感化设计与服务建立起与顾客亲密的情感上的联系，唤起他们对服饰品牌的好感、信任、记忆和持久的向往。图2-50所示是D&G推的2011年至2012年秋冬女装，富有欢快的情感化意味；图2-51所示是Kenzo 发布的2011年带有自然怀旧情愫的春夏女装；图2-52所示服装设计的焦点集中体现在高腰部位玫瑰色随褶皱的聚放渐变推晕的效果上，此种效果作用于人的视觉心理产生一种浪漫幻想的感受，富于作品以情感化魅力；图2-53所示是安娜·苏带有民族乡村情怀的创意设计作品；图2-54所示是设计师源于对情感化设计灵感的挖掘，而设计出来的别出心裁的父子手套，作品所表现出来的浓浓的情感，着实打动人心；图2-55所示是设计师以激发人们对童年的记忆为设计线索，深入到人的情感层面进行创意表现。金色的童年，淡淡的甜蜜回味将服装作品和穿着者紧密地联系在一起；图2-56所示是川久保玲与插图画家合作的服装创意设计。作品借用具有象征含义的手套元素，模仿人们在表达虔诚、仰慕、珍重、保护等情感时的特殊姿态，以唤起观者的情感体验，产生感动。由此，可以看到情感化服装设计与体验式服装设计有着相似之处，它体现为对人的情感化方面的体验。情感化服装设计所包含的内容相当广泛，自然的、民族化的、艺术化的、抽象风格的等，在这里就不一一列举了。

图2-50 | 图2-51 | 图2-52

图2-50　富有欢快情感化意味的女装

图2-51　带有自然怀旧情怀的春夏女装

图2-52　具有浪漫幻想的情感化设计作品

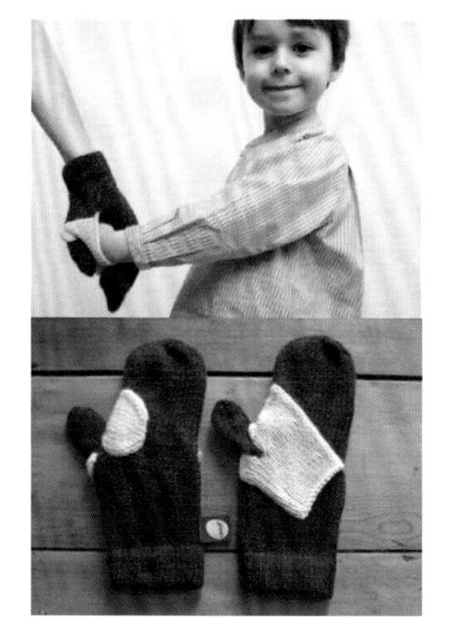

图2-53	图2-54
图2-55	图2-56

图2-53　安娜·苏带有民族乡村情怀的创意设计作品

图2-54　别出心裁的父子手套的情感化设计

图2-55　唤起童年回忆的情感化服装

图2-56　挖掘并表现人的虔诚、仰慕情感的服装创意设计

三、服装创意设计基本元素的提取与运用

前面介绍的“解构”与“混搭”的服装创意设计方法，表现出的主要内容就是对服装创意设计基本元素的提取与使用，即将原本与服装创意设计主题相关事物，包括服饰所具有的完整、固定的结构形式进行分解，之后再将其解构出的要素经选择，进行重新组合搭配，产生出崭新的服装面貌。重组所选择的元素可能是比较单纯、类型比较一致的；也可

能是比较复杂，多种类型，甚至于有一定对比感的，出来的效果各不相同，关键是如何把握服装创意设计的总体风格。

1. 提取服装创意设计基本元素要把握的要点

1) 关联性

“关联性”是提取服装创意设计基本元素的关键点，它包括两个方面的内容：首先是与设计主题的关联性，要紧密围绕创意设计主题寻找相关资料，对创意设计的方向和内容有很好的把握；另外一个就是设计元素间的关联性，要注重对此的把握，使创意设计有很好的整体性和鲜明性。

2) 典型性

“典型性”是提取服装创意设计基本元素的另一个关键点，它也包括两个方面的内容，即对相关资料的典型性选择；以及对基本设计元素的典型性提取。它们所涉及的层面由大到小，但道理和目的是相同的，都是要使设计主题更加突出，使作品更具表现力。

3) 表征性

“典型性”与“表征性”有类似之处，一般来说典型性强，表征性也会强，两者并行不悖，但相比较之下，前者更倾向于对事物共性的提取，而后者则更侧重对事物个性的挖掘。在进行创意设计基本元素的提取时，要注重其相对的独立性，包括外观形式上要有较好的识别性和认知性，以及具有较丰富的内涵和象征性。

4) 流行性

这里的“流行性”是指服装创意设计不仅仅只是表现创意主题，还需要与时代审美、时尚流行紧密结合。因此，在提取服装创意设计基本元素时，要给予流行性以一定的考虑，使得创意服装设计作品既具有鲜明的主题特征，同时又具有时代的流行风貌。

案例分析：

图2-57所示是为纪念在“911恐怖袭击事件”下丧生的人们而设计的系列主题创意服装。悲痛、哀悼和反恐是该系列创意服装的主题词。设计师很好地针对主题，从大量关联性素材中提取了具有典型性特征和意义的设计元素——寄予无限哀思的纯白颜色、

少量的黑色、花结、链条、十字架、心形图案、发卡；表现恐怖主义罪行的千疮百孔的破洞；表现流行性特征的透视性设计元素；等等，这些提取的元素保留了原本事物或服饰所具有的象征性含义，或标识作用，或形式特征，或情感性，充分体现了前面所讲的“关联性”、“典型性”、“表征性”、“流行性”，当这些元素完美地组合运用之后，营造出来的是令人震撼的主题气氛。

图2-57　纪念在“911恐怖袭击”下丧生的人们而设计的系列创意服装

2. 运用服装创意设计基本元素要把握的要点

1) 注重对服装创意设计整体风格的把握

把握好服装创意设计整体风格是合理提取并运用设计基本元素的有效方法，此方法比较侧重于对服装创意设计作品内在气韵的强调处理。以作品统一的风格来融合或削弱设计元素组合搭配中在色彩、面料和款式上所产生的过度对比碰撞，使创意服装设计作品主题突出，保持统一中有变化，变化中有统一的效果。这与前面提到的服装设计的和谐统一基本原理相一致，这里不再赘述。

2) 注重对服装创意设计基本元素主次关系及秩序感的把握

把握好服装创意设计基本元素间的主次关系，使之形成一种秩序感，这是化解矛盾，达到理想效果的另一个有效方法。这个方法主要涉及服装设计的色彩、面料和款式三要素的外在形式美的处理。同样与前面表述的服装设计基本原理密切相关，这里也不再展开论述。

案例分析

图2-58所示是一个以“春色荷韵”为主题的创意服装设计作品，其和谐统一的设计风格，清新鲜活的主题表现，以及典型设计元素虚实有致的组合而产生的形式美感给人们留下了深刻的印象。在此服装创意设计作品中，设计师提取的基本元素为表现春季荷叶的淡粉绿色；表现荷花的粉红色；表现荷叶茎秆的条纹；表现荷叶自由翻转的边饰；表现荷叶生长的筋脉纹路；表现荷花风姿韵味的丝绸面料及表现河塘水面感觉纹理效果的薄纱面料；等等。作者将色彩对比最强烈的部分，造型款式最具灵动之感的部分放置在衣裙的摆部，作为重点加以强调；将粉红色与粉绿色总体上下分离布局，再将裙摆的粉红色以线条的形式穿插于粉绿色的阵营，造成彼此呼应的韵律感；不对称的分割处理又增加了作品的动感活力，整个作品和谐有序，“春色荷韵”的主题意境呼之欲出。

图2-58　对所提取的服装创意设计基本元素合理组合运用的典型性案例

思考题与训练

1. 服装设计的基本原理在创意服装设计应用时有何特点？

2. 服装创意设计用一句话说就是“反传统服装设计”，这种说法对吗？

3. 服装设计的基础理论与原则不适于服装创意设计，这种说法对吗？

4. 如何鉴别服装创意设计的好坏？

5. 如何把握服装创意设计的度？

6. 分别寻找出两款你认为成功的和不成功的服装创意设计作品，对此进行评论，阐述理由。

7. 分别采用“解构”的创意手法、“混搭”的创意手法、“讲故事”的创意手法、“体验式”的创意手法、“情感化”的创意手法，结合本季流行服装主题，自确定服装设计的“五个W一个H”，进行服装创意设计训练。

第三章 服装创意设计训练

【教学目标】

本章系统讲解成衣类、艺术表演类、流行趋势主题表现类服装创意设计的特点、设计的基本方法，并进行典型案例的分析，将3种服装创意设计设计原理与具体的设计案例相结合，使抽象的设计理论在具体案例中得以生动的体现，强调实践创作体会及审美感悟的表达，结合服装设计大赛、案例教学，培养学生们创造性思维的能力，全方位提高学生的设计水平。

本章针对服装专业学生的专项设计，旨在使学生掌握基本的创意服装设计特点、要领及设计方法，并在实际设计中有效运用。通过本章的学习，学生应能较熟练地掌握创意类服装设计的方法和审美特征，培养学生较高的服装审美评价能力，设计与造型能力，拓宽专业知识面，有效提高学生服装创意设计的动手能力与创造思维能力，激发学生对学习本专业的浓厚兴趣，为专业设计发展打下良好的基础。

【教学要求】

(1) 了解创意服装设计的特点及设计要点。

(2) 掌握服装创意设计的基本方法。

(3) 领会创意类服装设计作品案例的创作思路和表现手段。

(4) 强化创造性思维能力的培养，开阔眼界，打开思路，领悟流行和美的能力。

【知识要点】

(1) 成衣类创意服装设计的基本方法和要点。

(2) 艺术表演类创意服装设计的基本方法和要点。

(3) 流行趋势主题表现类服装创意设计的基本方法和要点。

服装创意设计共分为成衣类服装创意设计、艺术表演类服装创意设计、流行趋势主题表现类服装创意设计。这3类服装创意设计都具有创新、多变、时尚艺术的特点，具体的设计表现特点又有不同，也正因此，服装创意设计的表现可以夸张、张扬，也可以内敛、含蓄。

一、成衣类服装创意设计

成衣类服装创意设计中的成衣(Ready-to-Wear)是指按照一定的号型规格系列标准，用工业化批量生产模式制作的衣服，主要是相对于量身定做的手工制作的服装而言。同其他设计类别相比，成衣设计满足的是不同层次的人的着装需求，尤其是高级成衣(Couture Ready-to-Wear)款式领先、设计顶尖。不同于高级时装和艺术表演性服装创意设计的是，成衣类服装创意设计必须在具有艺术和流行性的同时具有实用的价值，或者是具有市场潜力和商业价值。成衣设计是一种特殊的艺术，其创作过程是以实用价值美的法则所进行的艺术创造过程，这种实用美的追求是用专业的设计语言来进行的创造。设计产品中对美的追求也决定了设计中必然的艺术含量，同时兼具一定的时尚感，如图3-1所示。

成衣类服装创意设计主要分为以下几大类：①高级成衣发布会；②休闲装、内衣、职业装等一系列设计大赛服装，如图3-2所示；③设计师或品牌形象产品发布会服装，如图3-3所示。

图3-1	图3-2	图3-3

图3-1　DIOR高级成衣发布

图3-2　设计大赛服装

图3-3　设计师或品牌形象产品发布会服装

这3类是比较典型的成衣类服装创意设计，在这里可以看到离人们生活较近的时尚作品，无论是在卖场销售的高级成衣还是T台上高端品牌和设计师品牌的成衣发布，以及展现年轻人创意的成衣类设计大赛，都为人们展现了一道亮丽的时尚风景，让人们体会到生活的艺术、设计之美和实用的兼和。成衣类服装创意设计的作品通常都是在一个大的切合时代卖点的主题下进行系列的演示，较少以单款单件的创意为主导。因此，作品的创意重在设计、具有鲜明的风格特点以外强调系列感、整体感、搭配和组合性。

高级成衣发布会和设计师或品牌形象产品发布会服装都强调设计风格的突出，以及品牌的设计理念，而设计类大赛则是以一系列的休闲装为主的设计大赛，较权威且为众人熟知的有上海“中华杯”国际服装设计大赛和中国真维斯杯休闲装设计大赛，以及举办了3年的常熟服装城杯中国休闲装设计大奖赛等。“中华杯” 倡导“实用性艺术”，全力推导设计理念的市场化，在业界独树一帜，成为最具活力、最有影响、最受欢迎的高层次设计大赛之一，且充分体现出上海国际服装文化节“重设计、创名牌、拓市场”的宗旨。设计作品注重创意与实用相结合的原则，突出创新；在实用的基础上带有原创的艺术创新，以简洁的风格演绎当前的时尚潮流，同时具有潜在的商业价值。

把“具创意的设计概念”作为首要评选标准的真维斯杯休闲装设计大赛则以时尚休闲装为主，以“用自己的创意点缀生活，展现自我风格”的设计理念为导向，每一届设计主题都紧贴时尚潮流，指引潮流走向未来，鼓励挥洒激情与创意。参赛作品必须是原创，具有创意且结合市场及时尚潮流；造型、款式、色彩运用具有创意。大赛倡导“随意发挥想象和心思，去缔造潮流神话！这是一个灵感飞溅的年代，不要再压抑你的创意，把你的设计发挥得淋漓尽致”。大赛非常明确针对实用兼创意的宗旨，区别于类似以“创意”为主旨的纯表演性设计大赛，如图3-4所示。

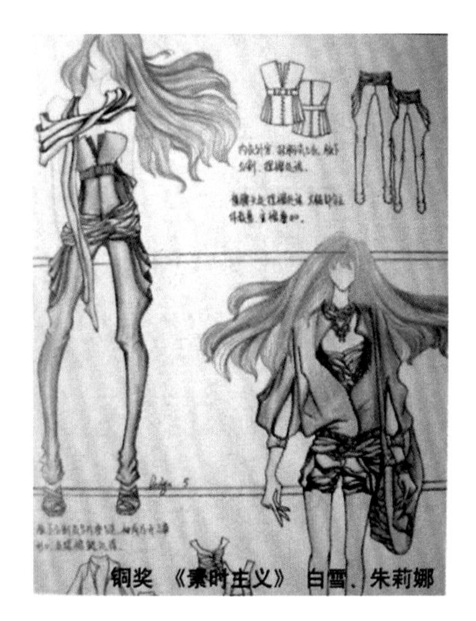

图3-4 真维斯参赛稿

成衣类服装创意设计注重作品的创新和实用性，可穿度高且设计风格独特，于简洁中折射出时代的审美和潮流。而作为成衣设计师来说，除了必备的专业技能和设计才华以外，最重要的是对设计定位的掌控，对时尚流行的敏锐及对市场的了解。设计的角度必须是基于设计风格基本定位的基础上，从市场出发，从所服务的人群定位需求出发，从而在不断地摸索中寻求设计创意与市场的平衡，在自我才华的认可和设计商业价值间找到平衡。

1. 成衣类服装创意设计的特点

由于品牌风格的不同，对于设计师的要求也不同，从品牌的特质来讲，从事职业类服装设计的设计师需要了解产品的板型特征，在设计中学会从细节入手，表现职业类女装产品的品质感特点；从事休闲类服装设计的设计师需要把握的是产品的整体设计与表现，注重产品结构的完整性；从事设计师品牌服装设计的设计师更需要注重创意设计思维与创意设计表现，注重产品结构的完整性。因此作为设计师而言，必须根据对应的产品特点进行有方向性的设计定位；具有创作的意识能力、创意手段的表现能力、了解市场的需求、传达品牌设计理念几个方面的专业能力外，首先对成衣类服装创意设计的特点必须有清楚的认知和了解。

成衣类服装创意设计总体来说具备以下几个特点。

1) 鲜明的风格理念

由于成衣设计所依托的是品牌或设计师，因此其系列产品设计的开发和设计必须遵循既定品牌的设计定位和风格，有别于单纯的款式设计，它是依据品牌属性，根据创意主题设计概念表现出具有主题特点的设计。通过对品牌的形象、品牌消费市场的目标诉求、品牌的价格定位等认同，利用创意主题的概念，构成的主题创意设计表现元素，借助相应的科技、技术、工艺、流程等手段，介入流行因素，完成成衣系列的款式设计。

品牌的风格建立在明确的市场定位及目标客服群的设定上，而作为体现品牌风格的成衣设计则必须在设计理念和设计风格，以及一些标志性的设计元素上展现出其契合品牌风格的设计创意，而不是脱离品牌的风格做一些赏心悦目的和品牌风格背道而驰的设计创意。鲜明的风格理念是成衣设计制胜的首要因素，也是随着品牌细分化越来越明显，同质化竞争越来越激烈而凸显出的重要作用。品牌之间的差异化就体现在产品设计的独特和创新上，因此，成衣类创意服装设计的“意”在理念的鲜明和设计风格的独特上，如图3-5所示。

2) 多变创新

相对于服装其他门类设计，成衣设计更富有变化性，竞争激烈又充满变数的成衣设计要求不断地创新，将设计创新能力及思考结果有效运用于设计是成衣设计制胜的法宝。法国品牌Givenchy一直以最低调冷静的设计风格和精妙的剪裁技巧著称，其风格经典优雅，如图3-6所示。

图3-5 Dries Van Noten的独树一帜

图3-6 Givenchy的多变创新

成衣类服装创意设计的多变创新主要体现在款式的流行性变化、时尚多变和设计卖点的创意上。这里的创新必须基于掌握成衣创意思维基本方法与构思方法，掌握成衣创意的设计前提和条件。寻找创意突破口并将其运用于设计，掌握设计创意元素的整合运用；同时创新的体现还表现在技术设备上的更新，成衣设计依附于相关设备及应用现代专业设计辅助工具，成衣行业发展进程而产生的新科技、新技术运用体现出其超强的创新。通过各种专业技能、专业技术将创意设计思维进行合理转化，达到在设计上创新多变的效果。因此设计师只有在创新思维和设计拓展，以及技术创新的掌握上齐头并进，才可以真正做到基于既定风格基础上的多变且在设计中收放自如。

3) 实用性

与艺术表演类服装创意不同的是，成衣类服装创意必须以实际的目标客户群为对象，最后出来的服装必须在具备可穿度高的基础上体现目标消费者的生活方式和着装需求，而不是像工艺品、艺术品一样是纯粹视觉上的审美和艺术上的享受。即使是成衣表演，其目的和后续的影响也主要体现在商业订单及大众跟随的知名度上，而不是如艺术表演类服装创意一样主要进行审美的熏陶。

备受欢迎的一线品牌Chanel 和Burberry是将实用和时髦结合得最完美的典范，如图3-7和图3-8所示。成衣类服装创意的实用性主要体现在其具有明确的实际使用特征，但是使用的目的、时间、场合，以及由此而形成的设计表现形式根据目标消费者和品牌属

图3-7 Chanel高级成衣

图3-8 Burberry高级成衣

性所定。成衣类服装创意设计不仅包含具体服装的设计，甚至包、帽、鞋等服饰配件，以及化妆、发型的设计也要统筹考虑，同时还要与品牌的风格和年龄定位相适应进行整体设计。检验成衣设计中创新创意的合理性，不仅仅只检验制作成型的服装是否与设计效果图相吻合，更要在检验服装是否体现设计风格、表现设计造型的同时，检验是否充分体现了品牌的风格，表现出服装面料配比、色彩搭配等特点，在服装穿着的实用功能性上的度是否准确把握。另外，设计师还要再一次用最初的设计命题与设计分析的结果来衡量、检验设计成品。通过检验的设计作品才能满足消费者的需求，设计师的创意才能体现出其应有的价值。

4）时尚感

成衣类服装创意设计追求多变，其紧跟大众流行且引领潮流的导向性既满足了不同消费人群的穿着需求同时也满足了市场多元化产品丰富化的特点。正因为其多变且紧随潮流的特点，因此其设计中体现的时尚感是作为衡量作品够入流理念、够新颖的重要标准之一。

成衣类服装创意设计的时尚感主要体现在流行性、变化性，以及时尚感觉上。包括对流行元素的巧妙运用，在对现今时尚的生活方式和由此影响设计的相关信息解读的基础上，创作出这一季的流行元素或设计符号并引入到作品中，同时流行的色彩、材质特质、造型及其他相关细节都在作品中恰当地体现。优秀具有创意的成衣设计师就像高级厨师一样，运用最新最符合大众口味的原料和调料搭配、混搭，通过自身对时尚生活的品味制作出丰盛的大餐，为生活增添创意的同时带来时尚的激情和喜悦。成衣类服装创意设计的时尚感真正把设计带入本质的需求，这种时尚感悟的追求引领设计师不断去创新、求变、放飞创意的梦想，释放时代的激情，如图3-9~图3-12所示。

图3-9　D&G时尚元素在成衣中的体现无处不在

图3-10　Balmain的时髦

图3-11　LV设计中时尚元素的引入在每季T台发布会上都能展现

图3-12　Balenciaga每一季的成衣发布总能引领新一轮的时尚风暴

5) 市场潜力及商业价值

市场潜力及商业价值是成衣类服装创意设计与其他服装设计门类服装设计的最主要的区别，因为成衣设计的目的首先以市场的消费需求为主导而并非满足服装设计师本人的设计喜好，是通过服装的媒介传达设计，通过市场与消费者进行检验的。

在成衣类服装创意设计领域中，市场是设计师施展设计才华的舞台，利润也是检验设计师设计成功与否的主要标准，市场销售是衡量成衣类服装创意设计成功的标准。如Kenzo品牌每一季的创意开发无处不在，但这并不影响其商业价值和成功的市场占有率，如图3-13所示。在创意设计的过程中平衡创意与市场的关系是成衣类创意服装设计的关键，成衣设计师的创意必须将个人设计风格同品牌同市场大众审美需求相结合；需要对品牌属性对应下的定位市场相关需求明确、对所服务消费群体的需求明确，对该市场的变化

图3-13　Kenzo的创意兼具设计和商业

敏感，因此，了解相关的市场知识、掌握相关的市场信息，从而进行有针对性的设计，是保证成衣设计创新合理性、规范性、整体性的关键。并通过组合搭配的方式表现系列设计整体形象，传输设计产品的主题背景故事，在实现系列设计创意价值的同时完成设计产品的商业价值。

2. 成衣类服装创意设计的基本方法与要点

成衣设计的三大要素是设计风格、产品系列、设计元素。设计师的作用与任务在于理解设计主题，提出具体的设计思路，做好抽象理念和具象的服装作品之间的翻译工作。在设计过程中色彩、面料、廓型特征下的款式搭配，表现系列产品整体形式美感的图案、细节、设计元素等贯穿始终。

成衣类服装创意设计遵循科学有效的方法、步骤。基于设计要求与设计目的，设计师需要根据具体目的制定合理的程序与方法，总体来说，成衣类服装创意设计通常需要4个大的步骤：①设计调研；②设计系列的策划；③设计构思与拓展；④制作完成阶段。在这4个大的步骤下又有具体的细分。

1) 成衣类服装创意设计的基本方法

成衣类服装创意设计的设计程序如图3-14所示。

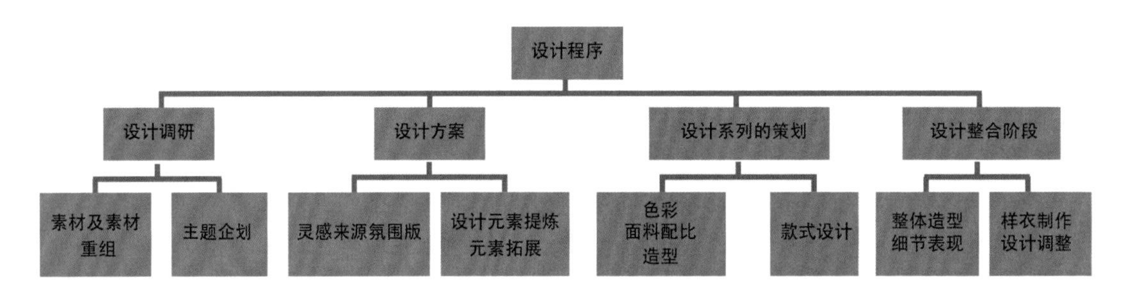

图3-14 成衣类服装创意设计的设计程序

(1) 设计调研。在进行主题设定和系列开发设计之前的设计调研阶段是成衣类服装创意设计的前提，没有调研设计就无从入手，扎实而详细的调研使成衣设计首先建立在一个切实可行且紧贴时尚脉搏的基础之上，不是空中楼阁，虚无缥缈。调研也是解决素材灵感来源的一个重要途径。细致深入的调研对于成衣设计的准确性和创意的价值具有重要意义，只有知己知彼，才会找到设计的切入点、才可能进一步进行有效的创新和变化。调研是进行设计构思的主要依据，也是保证设计顺利进行最有效的手段之一。目的就是为了把握设计与商业的结合点，真正将成衣设计的设计创意落实到实用和价值体现上。

调研具体有市场调研和信息收集两大部分，市场调研包括市场调查分析；信息收集包括素材库的建立、流行元素采集、设计元素采集和分析等方面。

通过深入的市场调查可以收集大量信息资料，了解流行，了解市场需求与消费者的审美品位。只有在详细调查的基础上，才能够进行下一步科学的市场分析。具体的调研方法依条件而定，是对现有数据收集整理，并进行数据分析的统计法；现场进行实地考察和统计的方法的调研等；调研内容根据品牌定位方案，对产品类型、产品风格和目标市场进行进一步的了解。此外，对同类成衣品牌风格进行横向和纵向比较，分析其中的差异点和共同点，特别是流行的时尚元素，要进行充分把握。同时，重点分析一至两种典型的同类产品，对其款式组合、色彩面料搭配、板型特征、工艺细节等进行深入而细致的分析研究，以便设计开发时用。

信息收集与市场调研一样，都是开展设计前必不可少的准备工作。服装的信息主要是指收集有关的设计素材，素材以图片为主，充分围绕设计理念展开的图片收集；国际流行导向和趋势，内容主要有色彩、面料、廓型等流行趋势，这些信息有助于设计师了解国内外最及时的流行风向和流行元素，并在成衣设计中起到重要的作用。

在市场调研、信息搜集和资料整理的基础上，进行素材库的建立及素材重组的分析、提炼；流行元素的归类、分析根据设计经验展开讨论，提出设计方案。根据调查与分析的结果经反复推敲，最终明确设计风格、确定设计定位，为下一步提交设计方案做充足的准备。

① 素材及素材重组。通过设计调研所累积的素材成为设计灵感来源的重要依据，也是设计师构思、创作的源泉。设计师因素材的生动而启发灵感，进而产生联想与想象，体验、感悟到不同素材的创造，借鉴吸收各种素材丰富设计灵感从而发挥想象，设计出既具有创意又符合设计要求的作品。素材来源的渠道广泛，从文化历史中、从自然生物中、从艺术作品中、从传统技艺中汲取灵感素材；从目标品牌中、从现代科技中、从日常生活方式中都可以收集到大量的素材。在此基础上建立素材库，为后续的素材分析和重组、提炼设计元素做好准备。

素材的提取可以是多角度、多层面、多方位的，也可以是有序的、无序的、无界定的。但是成衣设计是有目的性的，因此不是所有的图片和信息都可以直接拿来作为灵感素材，可以拿来的素材也不能随意地进行组合。设计理念和主题概念的不同，决定了成衣设计的目的性不同，需根据风格定位需要，考虑设计的着重点，针对性地选择灵感源素材。对素材的选择必须有导向性，才能使选择的素材真正发挥作用。

灵感汲取的视角不同，带来的设计联想也不同，素材可以带来色彩、面料、工艺、廓型、细节和形象信息方面联想，根据不同的设计需求寻找相应的素材。例如在设计表现色彩和廓型时会寻找产生色彩、廓型联想的素材图片；需要表现面料质感纹理特征时会寻找能产生肌理联想的素材图片。一幅素材图片不可能解决所有设计对位信息，当素材多元且丰富时，需对素材进行组合分析，使组合素材图片具有更强的对位性，满足设计所需达成的目的。在成衣设计过程中，设计企划阶段的主题概念、色彩整体规划、廓型整体倾向、形象特征等都需要相对位的素材图片介入；在设计表现方法确立阶段中的工艺拓展、细节确立、廓型明确等方面也需要对位的素材图片介入；在设计过程中对工艺设计的再完善，新技术、新工艺在设计中的利用同样需要对位的素材介入。因此，素材组合的合理化应用、可行性的采用就变得很重要，它是保证创意构想切实可行，并得到设计实现的关键性因素。此外，针对相应形象定位的素材进行组合的过程中，需注意素材的倾向性，选择适合设计联想的素材，在重组众多素材的过程中对这些图片进行分类，发掘其适合表现的侧重点，使素材的组合真正发挥作用，如图3-15、图3-16所示。

图3-15 | 图3-16

图3-15　自然素材重组：面料、材质肌理的联想

图3-16　自然素材重组：面料、造型形象的联想

② 主题企划。设计主题是设计的着眼点，是切入点，从这个点出发，可以很有方向性地想到相关的形象，触发人们的形象思维，进而展开具体的设计构思。所以设计主题是组织、开展和完善设计的主要依据。

主题企划主要是指根据调查研究的资料与分析的结果，对流行趋势进行预测，深入合理地分析设计对象的这些抽象限定与具体限定，确定准确的设计风格，把握准确的设计方向，进行主题概念的确定，提出具体的设计产品企划方案。这一部分主要指设计的总体定位，根据定位方向确定设计主题。

成衣系列设计的主题提案，不只是一个概念、一个吸引人的画面或是一个新颖的构思，而是相应的构思、想法和概念，通过相应服装形式语言来表达，通过面料、色彩、造型、细节、工艺、装饰、图形等服装设计元素进行表现，如图3-17所示。而设计的主题提案，就是将概念性的想法，转化为辅助的设计语言，通过对服装语言的构成，去表现在整体服装设计中将这些能够传递主题概念的服装的语言形式，合理化地规划、构成在一起，并作为系列设计的表现内容。

图3-17 造型、形象感的联想及色彩图案形象的联想

成衣类服装创意系列设计的展开利用主题的概念，构成相关的创意设计元素，利用相关的工艺技术与表现手段，完成系列款式的设计。因此，主题概念在系列中对设计开发起到了导向性的作用，需借助主题概念进行相应的系列设计，实现系列设计创意价值的同时完成设计作品的商业价值。

③ 主题概念。系列的主题概念是对系列设计前期的一种构想，是对系列设计提出的一种方向性的设计概念。系列的主题概念需包含系列设计的形象特征、系列设计的面料组合方向、系列设计的色彩方向，以及未来可以表现系列设计形象化特征所呈现的廓型形象和构成这种廓型的款式设计方向等信息。系列设计的主题概念应具有明显的导向作用，包括设计中元素的运用、细节的特点、工艺的运用等具有相应的对位信息，以便确定成衣系列的设计内容要点及表现方法，对今后的设计起到指导作用。

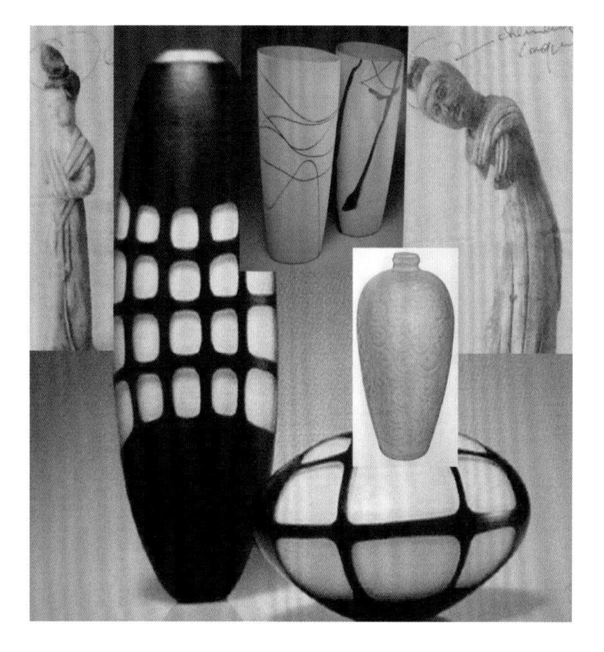

图3-18　主题素材 SHIATZY CHEN 2009年春夏“坚瓷”

如知名品牌夏姿陈2009年春夏系列，以“坚瓷PORCELAIN”为主题，其主题概念为流型的“瓷”意象，如图3-18所示。夏姿陈坚信瓷器的各式各样造型与服装的多变化线条，是在日常生活里融合中国文化之美的最具体表现。撷取“瓷”(china)的意象，创造出一系列兼具时尚美感与人文意境的春夏新装。

主题概念有着明确的主题性，与灵感素材有着一定的区别和联系，灵感是引发设计的点，是激发设计创作的源泉，并渗透在不同的设计过程中，不具有主题性。主题概念在整个成衣设计中具有明确方向性的指导作用，是建立在灵感基础上的，其作用是传输设计的概念，表现设计师所要传达的设计理念，表现设计师的思维和想法，具有明确的主题性。如在这一季的设计作品是要传达给受众某一想法，设计师会将灵感转化为主题的概念和认识，通过材料、色彩或新的形式和方法来表现并运用于设计作品中。

④ 主题概念的表现方法。主题概念的表现方法有很多种。根据设计定位，并在众多灵感中确立主题的概念表现，然后再进行相应的视觉形式语言的表现，如色彩的感觉、图形的感觉等来进一步锁定此概念。此外，还需把控主题整体感度调性的表现，使其能符合目标定位，并在此基础上进行相应的设计。如复古主题，确定创意的概念是二十世纪四五十年代的着装和风情，在此基础上进行相应的形式语言的表现，如图形感觉、色彩的感觉等来表现此概念。根据不同的品牌属性选择不同的演绎方式，如时尚运动品牌演绎二十世纪四五十年代的着装和风情可以表现为带有运动风的复古风情；时尚休闲的品牌演绎此主题可能表现为将复古的感觉做得时髦而古典；淑女风格的品牌演绎此主题可能表现为将复古的感觉做得很优雅精致，以此有目的地使设计的结果能吻合前期的概念。

要使主题相关的展开环节能达到预期的目标，并在此基础上进行相应的设计展开就必须有效地把握主题概念。有效地掌控主题概念，具体表现在主题概念的表现环节、相应的图形形式表现、相应的色彩形式表现、相应的廓型形式表现、主题的整体感度表现等环节的把握。这样使有目的的设计展开能最终吻合之前提出的概念，使设计思路得到有效贯彻。主题概念主要有色彩概念、面料概念、造型概念、设计细节等，如图3-19所示。

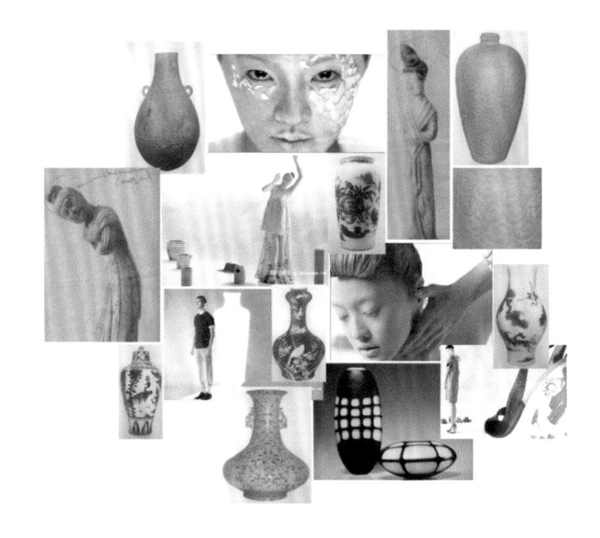

图3-19　主题概念的表现与掌控 SHIATZY CHEN 2009年春夏“坚瓷”

(2) 设计方案。

① 灵感来源氛围板。灵感来源氛围板，即在前期大量收集素材的基础上，把相应形象定位的素材进行组合，对这些图片进行分类，并按照主题概念重组素材，把与主题相关的素材图片进行组合、刷选，同时将素材和流行意象等结合起来，再把选好的图片黏贴在一块完整的展板上。灵感来源氛围板包括其体现出的色彩搭配和运用的特征、廓型结构特征、面料感觉特征、细节元素特征等总体的汇总基调特征，氛围板需把控主题整体感度调性的表现，必须始终抓住设计主题的基调并从视觉上将设计主题推向极致，从而使其成为设计款式开发前的一个非常重要的设计风格和设计方向的引导，并在此基础上进行相应的设计元素提炼和具体方向设计，如图3-20所示。

图3-20　“坚瓷”主题灵感来源氛围板

② 设计元素提炼。灵感源氛围板确立后，设计师通过相应的思维方式对灵感素材进行提炼，从灵感源素材中提取具体的设计元素。如果对可读取的灵感素材不够满意或提炼的想法不够到位，又可再次寻找相应的灵感源素材进行不断的补充，最终确立构思。然后利用相应的设计技巧对创意构思进行演绎，经过设计技巧演绎将创意构思转化为创意设计元素，最终根据设计元素进行设计构思，并考虑设计构思的可行性。

图片素材的联想和所需提炼的设计元素相对应，表现面料、材质肌理联想的素材找相对应纹理、图案的素材图片；表现装饰细节的联想的素材找相对应图案的素材图片；表现工艺的联想素材找相对应制作工艺的素材图片，如图3-21所示。

创意元素1：廓型、细节和色彩元素
廓型：瓷瓶的轮廓和线型与服装的多变化线条的结合。
细节：瓷瓶的纹理图案运用在服装的面布上，创造一种若隐若现的纹理图案效果。
色彩：瓷瓶“瓷”的白色，有别于一般的白色。

创意元素2：色彩、廓型和图案花卉元素
色彩：瓷器特有的中国传统釉红色、梅青、鲜红等。
廓型：瓶身与瓶口轮廓，融入剪裁线条与服装细节瓷瓶的瓶身线条，球形轮廓的弧形；圆弧流线造型的外套、洋装、七分袖短夹克与花苞裙。
图案：红底白花，采用刺绣或大写意花卉图形表现一种特有的中国韵味。

图3-21　设计元素的提取

创意元素3：装饰、色彩元素
装饰细节和方法：碎块状瓷片装饰在裙子的胸口，创造一种别致的装饰细节。
色彩：瓷白的装饰色块搭配大身的湖绿色，清新雅致又别具韵味。孔雀绿、萤桃、黛蓝、青莲紫或清幽的银鼠灰、浅松绿与凤仙粉等美丽釉彩。

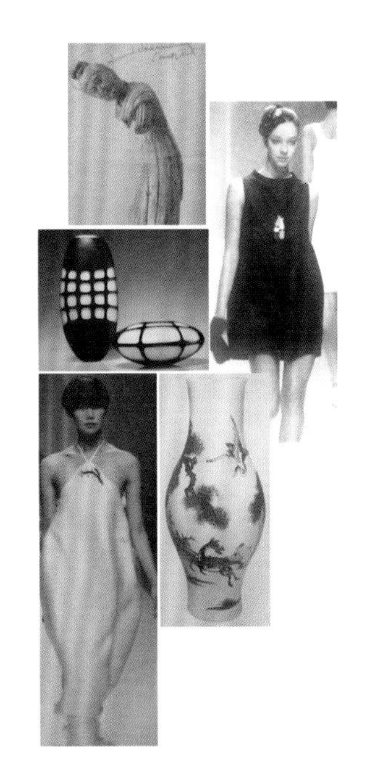

创意元素4：色彩、廓型元素
色彩：漆黑色和瓷白色的裙子以瓷瓶的颜色为参考；极简的蛋白与油黑色。泼墨效果的漆皮、金属丝缎布与亮片雪纺纱等具有亮感的布材，诠释出中国瓷器特有的光洁亮透感。
廓型：瓷瓶的膨胀球体状结合裙装的圆形轮廓，塑造一种简洁自然的轮廓美。

图3-21　设计元素的提取(续)

③ 元素拓展。成衣系列设计通过多个灵感提炼出创意元素，对创意元素的构成和表现方法进行拓展，形成系列设计元素，将系列的设计元素进行拓展，合理运用于主题的系列设计开发上。

设计元素的拓展包括色彩特征元素、面料表现元素、廓型结构特征元素、工艺细节元素、图案装饰元素、形象表现元素等多个方面的元素拓展。

(3) 设计系列的策划。主题概念下的成衣系列设计是针对主题概念展开的款式设计的搭配性和组合性。系列是指一组或几组款式的组合，这种组合是将同类别、不同款式的服装依据设计特点，用特定的、统一的服装设计表现元素，通过相应的设计表现手法、手段构成具有搭配性，并能体现主题或品牌特征的款式组合。系列设计是不同于单款设计的组合性设计构成，必须突出其系列性、组合性和搭配性的表现特征。

成衣系列的特征是依据设计主题，通过对设计理念、品牌的风格等的认同，利用主题的概念，构成的主题创意设计表现元素，借助相应的科技、技术、工艺、流程等手

段，介入流行因素，完成系列设计的款式，并通过组合搭配的方式表现系列设计整体形象，传输设计的主题背景故事，在实现系列设计创意价值的同时体现作品的实用且潜在的商业价值。

① 系列设计的创意。成衣系列设计是根据创意主题概念表现出具有主题特点的系列作品，系列设计的合理性、规划性、整体性是主要的。包含了款式设计、色彩搭配、面料配比、廓型结构下的系列搭配构成，表现系列设计整体形式美感的图案、细节、设计元素的构成。

成衣系列设计不论是色彩表现、面料运用、廓型结构都建立在主题设计概念的基础上，提取流行元素、设计元素及细节、图案及工艺细节的表现方法，结合相关的市场信息将具有创意性流行元素植入到不同类别款式中，构成不同系列设计类别的设计特点。通过对不同类别的款式设计，表现组合式系列设计的特色，享受一种整体的和谐美感。

系列设计有别于单一的款式设计，单一的款式设计注重的是款式本身的设计，单纯地考虑款式对面料的要求、款式对造型结构设计的要求、款式对工艺细节的要求。而系列设计除了遵循设计基本要求外，主要是为了达到对整体服装着装的个性化形象及完整性的表现。成衣系列设计较之单件设计具有整体性、变化性和可搭配性特点，在系列中需考虑款式与款式之间色彩的组合关系、面料组合关系、造型组合关系、图案的延展设计。协调款式与款式间的设计变化，协调不同风格的设计元素、设计细节，表现出整体形式美感。通过动态或终端静态的整体展示，突显设计的形象特征，体现作品的设计理念，赋予设计创意价值和吸引力，给予受众新的穿着体验和美的享受。

夏姿陈2009年春夏系列设计所演绎的瓷文化，总体设计除廓型的瓷元素以外，细节与意境是主轴。取中国瓷艺的设计灵感，将各式各样的瓶身与瓶口轮廓融入剪裁线条与服装细节，揭示出具有中国韵味的瓷意象，如图3-22所示。运用高级订制服并展现立体感的手工抓折技巧，表现出圆弧流线造型的外套、洋装、七分袖短夹克与花苞裙。泼墨效果的漆皮、金属丝缎布和亮片雪纺纱等具有鲜亮感的布材，诠释出中国瓷器特有的光洁亮透感。而壁纹棉、粗条墨荷提花布与菱纹透明凹凸布材则表现了瓷器的纯朴优雅气质。梅青、鲜红、甜白等色彩让人领略到具有东方魅力的优雅；而球型轮廓、扣边设计、圆腹细节则伴随着流畅的整体造型，释放出简约细腻的东方风格。

图3-22 夏姿陈2009年春夏女装系列

② 款式设计。设计概念确立以后，就要开始进入到产品设计阶段。款式开发的任务就是在设计概念的指导下进行具体的款式设计，是设计师运用创造思维，对服装整体设计进行全方位思考和酝酿的过程。当然，这时的设计构思是完全在上述工作的基础上开展的。要注意各个款式之间的协调性和组合搭配性，切记是在一个主题下，创造一组和谐、连贯的服装系列，如图3-23所示。

图3-23　廓型与款式构成

成衣系列款式设计是建立在主题概念及品牌属性基础上，是依据设计的定位、特征，根据某一特定的设计主题概念，用视觉感度，通过款式组合的着装轮廓体现主题概念的视觉语言。通过款式的元素、细节、造型、线条传达主题形象的特点。包括对面料的选用、色彩的运用，工艺、细节的运用等。

(4) 设计整合阶段。

① 整体造型。整体造型指的是服装整体廓型的特点以及系列与系列之间的衔接以及搭配感、整体感。款式的系列化设计建立在主题形象化的着装廓型上，根据着装整体廓型，分解出上装、下装，内搭、外装的搭配形式，从而合理规划系列化的款式造型特点。成衣系列表现出整体形式美感取决于整体廓型的一致或差异性，在大体一致的情况下去做细节的调整和处理，使整个系列的整体造型看起来具有完整性和协调性。

② 细节表现。在整体廓型处理好的情况下，细节元素的表现也可成为成衣系列设计处理的重点，例如图案、工艺、装饰材料、染色技法等，同时运用这些细节，可以加强成衣设计的系列感，如图3-24所示。

图3-24　工艺、装饰细节上的创意 Christopher Kane 2011年春夏系列

③ 制作。根据设计方案制作出服装实物。制作的过程，就是服装的造型、材料与板型及制作工艺是否相互协调的推敲与检验的过程。在已经确定的服装板形的基础上，进行排料、裁剪、制作。在制作过程中除了板型、裁剪等关键因素外，还有像一些特殊的工艺处理和再造方法等也是成衣系列设计最终效果成功的关键。因此制作过程的好坏直接影响到成衣设计最终效果的好坏，也是检验方案设计最直接的程序，没有精益求精的制作，再好的设计方案也只能停留在纸面上。

④ 设计调整。设计调整是从整体的角度审视各个细节之间及细节与整体造型之间的关系是否和谐，包括恰当的造型、色彩和面料、工艺、图案，主次、层次及平衡、对比、比例、节奏、韵律等审美关系，实现总体效果的完美性。每一个设计阶段都要有分析的环节，分析、思考、总结、处理存在的问题，最终作出准确的判断，不断完善设计整体方案，以便顺利完成每一阶段的工作。任何一件成功的设计作品都有不寻常的经历，从原创性的灵感到激情的创作表现以及娴熟技术的运用，作品中充满了设计师的艰辛劳作，甚至中间会出现反复修改反复调整的情况。完美作品的呈现集中包含了精益求精的设计态度和处理技巧。最后应该进行设计总结和反思，分析作品设计过程，总结设计经验，发现不足并提出改进方法，以此提升自我的设计创作能力。

2) 成衣类服装创意设计的要点

(1) 主题概念的创意性。主题概念在整个成衣设计中具有明确方向性的指导作用，是建立在灵感基础上的，其作用是传输设计的概念，表现设计师所要传达的设计理念，表现设计师的思维和想法，具有明确的主题性。成衣类创意服装设计主题概念的创意性决定了其设计开发的创意性和设计理念的鲜明，因此，设计主题的概念性突出了成衣设计开发的设计特点，以及其要表现的风格特点。同时传达出设计师想法，将灵感转化为主题的概念和认识，通过材料、色彩或新的形式和方法来表现并运用于设计作品中，如图3-25所示。

(2) 款式造型的多变性以及系列感。成衣设计不同于单款的服装创意设计，它通常都是以系列的形式展开。系列设计具有整体性、变化性和可搭配性特点，款式与款式之间色彩的组合关系、面料组合关系、造型组合关系、图案的延展设计，款式与款式间的设计变化，不同风格设计元素、设计细节的协调，整体形式美感是重点。同时由于其设计强调时尚流行因素的导入，因此其款式造型的多变性也是成衣设计的一大特点，丰富的造型、结构、细节元素的变化和多变的着装方式是其设计追求的方向，如图3-26、图3-27所示。

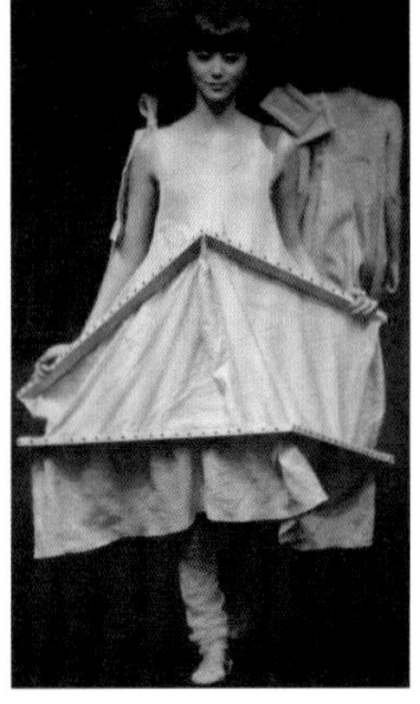
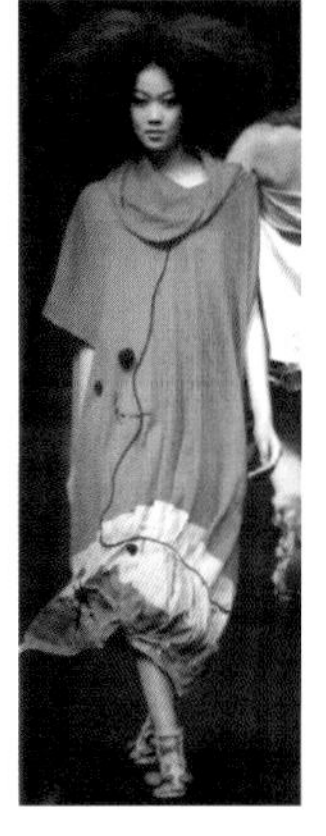

图3-25 女装品牌"谜底"2011年春夏以米罗的画为主题的新品概念发布会

图3-26 Burberry Prorsum 2011年春夏成衣发布

图3-27 第19届真维斯休闲装设计大赛获奖作品

无论是成衣设计大赛还是一线品牌成衣发布秀，其设计造型的多变性及系列感始终是最重要的看点。

(3) 面料配搭的丰富性。成衣系列的面料设计是一种面料选择及面料再造的过程。不同于艺术表演类服装创意设计的是，成衣设计的面料重点在实用性和搭配性。而其面料配搭上的丰富性和层次感是重点。

面料选择与组合的原则建立在设计主题概念基础上，除了面料本身的质感、肌理，同时面料的再处理也是成衣设计中艺术处理的关键。面料表面的质地效果、手感、肌纹、线条感及面料配搭的层次感都是重点。在选择过程中规划面料的数量、用途、区别面料的不同特质(如厚、薄、轻柔等)，同时进行不同厚薄不同肌理特征面料的组合和配搭，使设计落实在一个扎实的载体上而不至于停留在虚幻的想象之中，如图3-28所示。

图3-28　成衣设计中面料配搭的丰富性极大地丰富了视觉上的创意

(4)色彩搭配的流行性。成衣设计色彩上的设计和运用除了系列整体的搭配感及创意外，重点的还体现在色彩的流行性上。流行色的运用是成衣设计中色彩应用的关键，也是体现作品流行性及商业价值的核心之一。在配色概念方面，它的选择必须与主体理念相吻合，以烘托主题氛围。色彩基调按照主、辅色系及每个色系所占产品比例来表现色彩概念，如图3-29所示。

图3–29　色彩搭配的流行性体现在各大成衣时装秀中

(5)细节处理的创新。成衣类服装创意设计的细节处理主要表现在图案、装饰元素、工艺等。而创意的体现除了廓型、色彩等大的视觉体验上以外，细节上的创新更是独具匠心地体现设计师独特的创意。如一个装饰元素的材质和技法，局部肌理质感的设计都能于细节上体会到成衣创意类服装独特内敛的设计创意，如图3-30所示。

图3-30　装饰元素上的创意

3. 成衣类服装创意设计典型案例分析

1) 设计案例一

风格定位：时尚休闲装的原创设计，具有创意且结合市场及时尚潮流。

设计理念：以“用自己的创意点缀生活，展现自我风格”的设计理念，体现时尚休闲多变的潮流风格。

设计主题：《Like Earth Like me》。

设计构思：灵感来源于设计主题“绿动”；2010年绿色低碳的环保概念成为人们关注的焦点,而“80后”、“90后”的年轻一代还肩负着以绿色环保方式改变未来的责任。让年轻的心“绿动”无限创意，让明天更精彩！如图3-31所示。

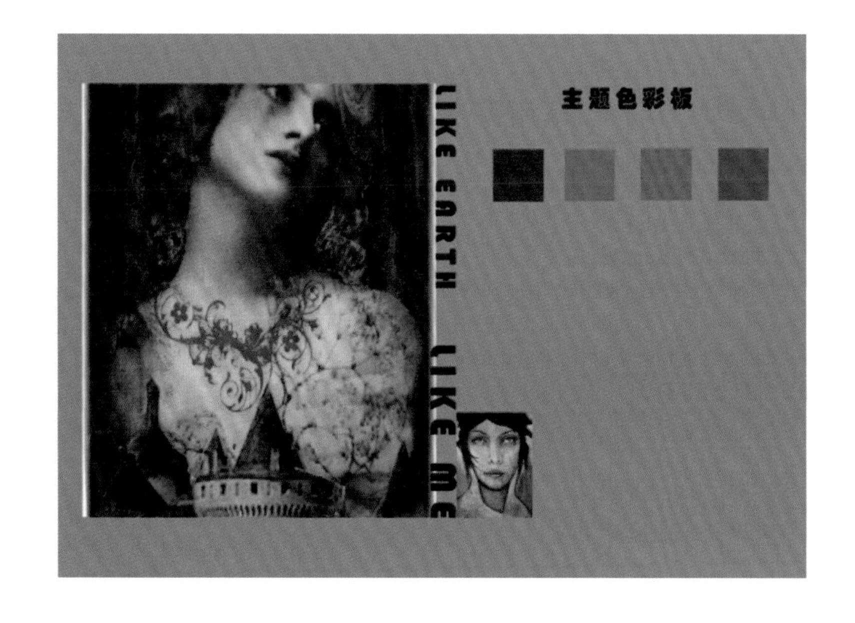

图3-31　主题色彩概念板

设计过程：共分为4个阶段。

第一阶段，绘制设计系列草图及主要设计元素。

第二阶段，整合设计元素，绘制设计草图一个系列6套，并确认设计方案。

第三阶段，绘制彩色设计效果图及每套的款式平面结构图，如图3-32所示。彩色效果图表现设计理念，通过色彩、款式造型、结构及配饰等形态，达到完整的图示效果；款式平面结构图则提供合理的结构示意，为制作提供具体的方案。

图3-32　彩色设计效果图

第四阶段，面料的准备；针对具体设计进行面料的配搭及面料色彩的染色处理。

本系列共采用了牛仔、罗马布、缎面鹿皮绒、真丝乔其纱、马海毛、针织纱线等面料。在面料配搭上做到虚实、厚薄的层次效果。牛仔磨砂水洗效果和真丝乔其纱的染色处理是重点，如图3-33所示。

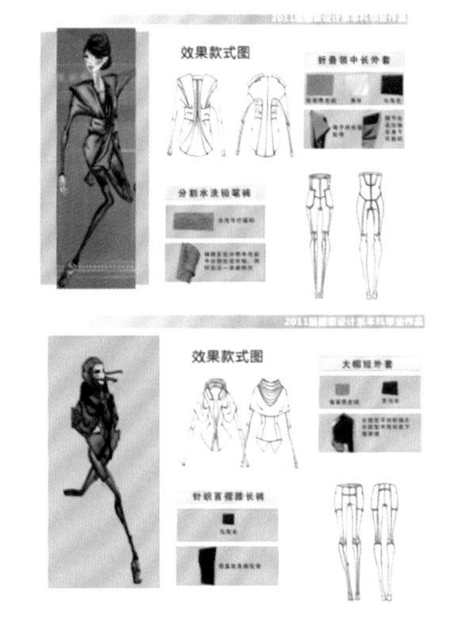

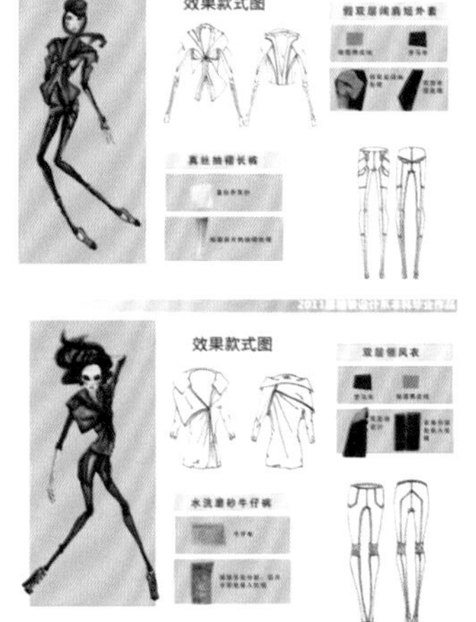

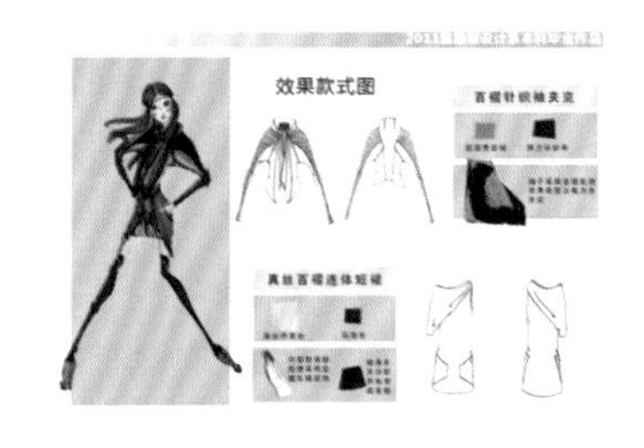

图3-33　面料和款式结构图的详细清单

制作过程：

第一，样板制作。部分白胚样的制作。

选取其中5套制作。图片展示了整套创意服装制作的部分白胚样制作的过程。作为创意服装设计，成品的最终完美效果的呈现完全依靠制作过程中的每一个环节，而白胚样衣的制作过程为后序的实际成衣制作过程奠定坚实的廓型和结构基础。

第二，面料和设计的结合。实际面料和整体造型结合的过程。

本系列5套服装整体廓型是合体和紧身的结合，上衣短款、长款兼有。裁剪以平面为主；制作过程中褶裥的处理是重点，通过薄的乔其纱打褶形成视觉上的层次感，结合颜色的渐变形成整体设计中的亮点，如图3-34所示。

图3-34 成衣展示效果

2) 设计案例二

风格定位：高级成衣，时尚简洁、优雅。

设计理念：现代摩登时尚的女性主义；体现女性自然优雅的特质。

设计主题：《花·木·兰》。

设计构思：灵感来源于中国传统自然的花卉，以花卉的形象组合成集合的印象和元素，形成一种自然的色调和感受，米黄、淡褐色表现一种女性特有的柔美和飘逸。花卉绽放的层次和形态带来服装创意和自然形态的联想，如图3-35所示。

图3-35　主题概念板

设计过程：共分为5个阶段。

第一阶段，绘制设计系列草图和主要构思细节。

第二阶段，整合设计元素，绘制设计草图，一个系列5套。

第三阶段，绘制彩色设计效果图及每套的款式平面结构图。彩色效果图表现设计理念，通过色彩、款式造型、结构及配饰等形态，达到完整的图示效果；款式平面结构图则提供合理的结构示意，为制作提供具体的方案，如图3-36所示。

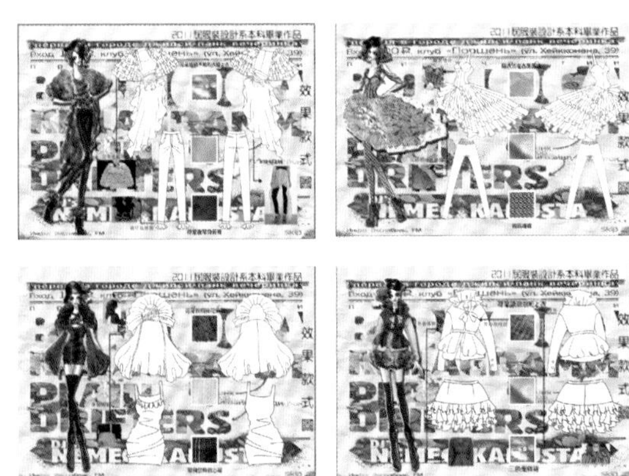

图3-36　彩色设计效果图及每套的款式平面结构图

第四阶段，选取其中的两套制作成成衣。

第五阶段，面料的选定。本系列共用到雪纺、棉、欧根纱等面料。挺括和柔软的配搭、朴实和透明的组合构成面料组合上的特点。

制作过程：

第一，胚样制作。部分白胚样的制作。

图片展示了整套创意服装制作的部分白胚样制作的过程。作为服装创意设计，成品的最终完美效果的呈现完全依靠制作过程中的每一个环节，而白胚样衣的制作过程为后序的实际成衣制作过程奠定坚实的廓型和结构基础。

第二，面料和设计的结合。实际面料和整体造型结合的过程。

有了样衣的板型，就可以直接将选定的面料结合创意设计的效果进行实际的制作。如何将面料和设计有效地结合并最终得到理想的制作效果是制作过程中的关键，完美作品的呈现依赖于制作过程中反复地推敲和尝试，直至达到和效果图上一致的理想效果。

在第一套成衣中运用了极为轻薄的欧亘纱、雪纺等面料制作了4层不平行的细褶荷叶边，创造出半圆形的大波形线，再利用层叠反复的荷叶边堆积，或波浪线条，来表现巨大花瓣的花卉形象，同时利用细微抽摺在连体裤侧缝形成荷叶边，使得花瓣领与荷叶边侧缝随着模特在走秀中起伏摆动，富有生机，如图3-37所示。

第二套成衣主要凸显了下半身，半裙为极富立体感的花朵裙，艺术感的造型将柔美的粉色、肉色衬托得娇俏而脱俗。而利用面料的堆积感形成的立体花朵造型也独具创新。让人们第一眼就被廓型所吸引住，然后再细细品味上半身的荷叶边领，与今年非常流行的配饰手法，即将细腰带系在外套外面，使得没有收省的下摆形成自然的泡起状态，也极富立体感。

图3-37 成衣展示效果

二、艺术表演类服装创意设计

艺术表演类服装创意设计讲求理念的创新和设计形式的独特，其表现形式也有一定的分类，通常看到的除了纯粹表演性的创意服装以及高级时装美轮美奂的艺术盛典外，一些以主题概念出发而命名的创意性设计大赛及设计师以特定的主题发布的体现其设计理念的概念服装表演也属于这一类。这一类的创意服装以主题为先导，纯粹从视觉效果出发，满足大家的审美趣味，丰富大家的视觉体验，从而达到突出表现设计师或团队的设计创意及对当今文化艺术的高度审美归纳和再现，成为时尚艺术活动中不可缺少的一道艺术创意大餐，也在各种时装秀中成为秀场的亮点，俘获着大众的眼球。最重要的是它在主题规范的限制下对创造几乎没有任何限制，完全摆脱商业因素。

艺术表演类服装创意设计主要分为以下几大类：①高级时装发布，如图3-38所示；②创意大赛服装，如图3-39所示；③设计师概念发布会服装，如图3-40所示。这3种是比较普遍也是广受专业人士关注的表演性创意服装，它们就像生活中的五星级大餐一样，满足着人们越来越多的时尚审美的需求及视觉盛宴，是服装设计中不可或缺的一种特殊服装类别。高级时装发布是时装的最高形式与服装美的最高境界，顶尖的设计理念加上独特的材质与精湛的手工艺，创意独特、设计超群。它倾注设计师与创作者的才能与精力，体现领先的设计理念和独特的个人风格；创意大赛服装则涵盖了国际国内所有的以创意为宗旨的设计大赛，如法国巴黎国际青年时装设计师大奖赛，以单件作品参赛以创意创新为主旨，发展文化和商业交流，激励和推广青年设计师。艺术高于一切，要求作品语言高度浓缩、精炼——围绕主题每人限用一件作品“说话”，如图3-41所示。

图3-38 | 图3-39 | 图3-40

图3-38　高级时装

图3-39　创意大赛服装

图3-40　设计师概念发布会服装

图3-41 艺术表演类泳装创意设计

目前国内比较受人关注的创意大赛主要有黛安芬触动创意设计大赛，如图3-42所示；黛安芬触动创意设计大赛(Triumph Inspiration Award 2010)虽然作品形式每年会略微有些不同，但最重要是设计师们独一无二的灵感和创造力，这也是作品最终能否获得评委青睐的关键原因。

图3-42 黛安芬触动创意设计大赛参赛稿

图3-43 “汉帛”参赛稿

在中国举办的艺术成就最高的服装设计大赛则数“兄弟杯” 中国国际青年时装设计师作品大赛和之后延续的“汉帛” 中国国际青年时装设计师作品大赛，如图4-43所示。作为创意性服装设计大赛，特别强调表现设计师的自我意识，设计可以不受生活装的束缚，在创意的宇宙中自由飞翔。设计作品要有鲜明个性风格和时代感，并融于民族的优秀文化之中，设计师们以新、奇的设计构思和手段来取得比赛的胜利。这类大赛在设计理念和服

装制作上突破传统观念，大胆尝试用新材料新工艺，以此来探索时尚的多变性和一切可能性，成为年轻设计师们的每年一次创意碰撞的大聚会。

创意意味着创造、创新和意境的表达，因此，它本身就具有观赏性及创作想象的特点，不一定实用，但绝对要有视觉张力和艺术审美的高度。而作为艺术表演类服装的设计师来说，尽可能地运用自己的创作天赋和专业技能尽情地发挥自己的设计才华，为观众和消费群贡献一道精妙绝伦的视觉大餐即可，从中引申出时代的审美需求，人们对艺术对美的诉求，也进一步推动时装流行的发展。作品的创新性及创意诠释，作品所体现的个性及独创性、概念性、艺术性、品质(设计与执行)和效果展示是重点。

1. 艺术表演类服装创意设计的特点

艺术表演类服装创意设计的外在形式讲究新颖独特，无论是廓型还是材料运用、设计手法都追求独特的视觉表现力；内在则追求文化、艺术及当代流行思潮的植入和深层次的再现。就像画家创作画作，诗人创作诗歌一样，形式是技巧，而整体的意境营造和设计理念的传达是重点。正因为如此，艺术表演类服装创意设计是工艺技术和文化艺术的结合体，“艺术取向的服装设计师”们以至善至美的式样、不计工本的精雕细刻体现了服装对于美的情感与魅力的展示。迪奥说过：“我之所以喜爱服装设计，只因为那是诗一般的职业。”时装和绘画、音乐一样，设计大师追求的是纯粹的美的效果，个性独特的和“衣不惊人誓不休”的创作境界。

正因为不拘泥于局限在服装实用目的上，艺术表演类服装创意设计的目的是为了提高设计师对客观设计命题的认识、分析、表达能力。同成衣类服装创意设计相比较，表演性服装创意设计具有前瞻性、实验性及设计个性等特点，其艺术张力和想象力及文化、艺术、民族、历史等情感元素的植入更是其主要的诉求和表现点。用前瞻性的时尚语汇，从城市、人与自然、文化传统与当代生活等多个角度展开时装设计创意。归纳总结，艺术表演类创意服装设计的特点有以下几点。

1) 艺术性

艺术性即作品的意境和审美趣味，创意的“意”在意趣的创造和理念的传达，深层次地通过具体的形、色、艺传达出作者高尚的审美趣味和丰富内涵(文化艺术素养)。区别于传统的工匠们制造出来的工艺品，除了技术、手工艺的附加，最重要是它的审美趣味，是艺术与技术的完美结合。

艺术表演类服装创意设计具有的艺术性是其区别于其他任何设计形式的特点之一。艺术标准是其最高标准，设计师通过具体的形、色、质等创作元素和载体将文化的、历史的或是生活中情感等表述出来，达到让人赏心悦目和令人叹为观止的艺术境界。

以高级时装为例，如图3-44所示。对于法国人来说，高级时装是一种艺术表现形式，就像电影、音乐和绘画等艺术形式一样，是多种艺术形式和现代工业、工艺技术的结合。它的存在意义不在于所创造的经济价值，而在于它体现了人类对于美的追求和创造力，并把原创的精神传播到世界各地，对成衣的流行也产生了一定的影响。如同车展上的概念车，每年法国14个品牌的高级时装秀推出的设计理念都会体现在下一季的高级成衣中。艺术表演类服装创意设计的设计是带有“创作”痕迹的一种艺术性设计，是为丰富设计体验而创作的视觉风暴。所有这一切的设计依据不是出于服装的实用性，而是归结于追求艺术效果、追求情感与个性宣泄的唯美派。正如皮尔·卡丹所说过的“我在高级时装方面赔了不少钱，而我所要继续搞下去的原因，是因为那是一所创意(IDEA)的大研究所。”

图3-44　高级时装的艺术性：DIOR、CHANEL

2) 原创性

与一般从事服装设计工作的职业者相比，只有艺术表演类服装创意设计才被赋予“独创性的作品创作”的机能。服装创意设计作为浓郁艺术性的设计，讲究原创性是其基本要求，也是体现其价值的根本因素。

原创并不意味着前无古人后无来者的新奇怪诞。设计师的原创，必须具备从独特的角度挖掘和再现素材的能力，通过设计者自身的文化、艺术等一切的素养累积而创作出的形式和内涵上独一无二的作品。灵感可以是来源于一切和文化艺术相关的可视性素材，也可以是其他生活中的科学技术等，通过设计师熟练的设计技能将其以服装的形式展现出来，形成独具特色的视觉形象，同时又是属于自己独特的设计语汇。

原创意味着独特，属于个体的创新，这里的创新既包括设计造型中的新形态、新结构，材料中的新处理、新组合，色彩中的新搭配、新变化，穿着形式中的新体验、新方法等可以直观感受的外在内容，也包含在服装形式中体现出来的新思想、新观念、新主张和新思路。总之，这一切都离不开设计师勤观察勤体验勤创作的设计体验和创作思路。原创设计师因此拥有区别于其他设计作品标志性的设计标签而由此在设计舞台上占据独特的地位。设计作品的自我价值、原创价值是设计师对服装设计界的最大贡献，从某种意义上说，服装设计师的创造性特点是推动社会发展的强大动力，如图3-45所示。

图3-45　原创性

3) 实验性

由于艺术表演类创意服装要求具有丰富的视觉张力和艺术效果，因此在设计创作过程中就必须利用一切可能的技术方法和再造的方法来改变原有设计材料的外观，或者是造型上采用新的结构需要用到新的裁剪技术和组合方式。因此在创作过程中会出现不断尝试、调整和实验的过程，大胆突破常规性及新材料新技术新外观的呈现决定了艺术表演类创意服装突出的实验性。

探索性与实验性在创作过程中同时并存，设计的过程往往是服装设计师进行的有研究性质的设计实验，各种创意思维及表现手法都可以在创意设计中被尝试运用，经过创意实践以达到作品的完整和新颖的再现。在时装界享有盛誉的英国设计师Alexander Mcqueen和被称为“服装实验家”的Hussein Chalayan，以及比利时的Martin Margiela，他们的作品天马行空，独具个性标签，同时具备高度的实验性，探索一切创作的可能，为设计界带来无数的精彩，如图3-46和图3-47所示。

图3-46 实验性Alexander Mcqueen

图3-47 实验性 Hussein Chalayan

4) 个性的表述

服装创意设计强调独创性，独创性即意味着个性的标签。在艺术表演类服装创意设计中，个性的表述是服装创作的关键，设计师的个性也是保证服装设计作品生命力的重要基础。独具个性的设计张扬着设计师的创作才华和设计热情，也成为秀场上不同特色的视觉标签。

作品中个性的体现来源于设计师看世界的角度和素材运用的独特解读，以他们专业的设计技能再现独特的设计世界，这也是区别于大众流行服装最根本的特点之一。艺术表演类服装创意设计大赛意在探索新的设计灵感，发掘最具创意、令人耳目一新的设计，鼓励设计师运用自己的睿智和灵感设计出独具个性的作品，如图3-48所示。

图3-48　个性的表述：Armani Privé的优雅、Dior的妩媚、Jean Paul Gaultier的诡异、Alexander McQueen的张扬

5) 前瞻性

艺术表演类服装创意设计的设计观念要求新、视觉表达要求引领时代的潮流，体现新观念新思想。与此同时在创作过程中与国际流行趋势、文化和艺术流派有着较为密切的联系，且常常预示着服装流行的主体方向，最重要的是其体现出的新工艺、新方法在当年甚至前进几年都不觉得过时，集中展现了当代艺术思潮和科技文化的新发展趋势，这种特征决定了其设计的超前性和时尚性。

由于其代表着某一时段内服装文化潮流和服装造型的整体倾向，预示着新的流行趋势，因此设计师需要具有超前的审美观念与表达手段进行艺术创作，不一定具备实用的价值，但是其引导性的作用不可小觑，如图3-49所示。

图3-49　具有超前的审美观念的设计师的作品

通过这些设计作品，不仅能充分表达出设计师的审美意识，在审美情趣上为人们带来艺术享受，还能在设计理念上给予人们新的启示，尤其是对成衣设计的影响，其顶尖的创意和超前的设计理念往往是引导成衣设计流行方向的一个风向标，成为其有益的补充。

2. 艺术表演类服装创意设计的基本方法与要点

艺术表演类服装创意设计可以摆脱实用性的束缚，任想象自由驰骋，将自身的创作才华和理念充分展现。对于服装设计师来说，艺术表演类服装创意设计不仅仅是为了自由地设计具有艺术张力和舞台效应的视觉效果，更重要的是通过这种方式这样的创作思维来训练培养设计师的思考能力与设计能力，而这些也是对成衣类服装设计最为有益的补充。

任何设计都有其方法和要点可循，看似天马行空不拘一格的艺术表演类创意服装，虽然没有既定的章法可循，可是作为创作活动，其还是遵循一定的创作方法，在创作方法中找到规律和契机，从而帮助我们更好地理解这种创作过程。创意服装的造型往往带有较强的艺术审美价值和艺术感召力，这一方面需要设计师运用合理的表现形式去构建作品的意境或者审美趣味，以达到吸引和感染观众的目的；另一方面，又要求设计师需要站在更高的层面，与普通欣赏者的审美经验拉开距离，去表达自己独特的审美理想，唤起和提升普通欣赏者的审美欲求和审美层次。因此完整的创意来源于日常的累积和扎实的创作功底，20世纪中期，Cristobal Balenciaga曾给高级时装设计师下过定义，即高级时装设计师应该是以下几种角色的综合体：在绘图方面应该是建筑师，在造型方面应该是雕塑师，在选择色彩方面应该是绘画大师，在服装的整体和谐方面应该是音乐家，在比例方面则应该具有哲学家的头脑。可见，艺术表演类服装创意设计对个体的要求是全方位的，也只有如此才能创作出优秀的作品。

任何设计活动都存在规律秩序，设计活动由具体的环节构成，在设计创作开始之前，设计师的大脑中已形成了一定的设计程序。从灵感到创作再到制作，设计的基本程序大致可分为3个环节：构思、草图或样衣阶段、制作调整阶段。这3个环节是基本环节，在设计的过程中需要设计师依据设计需求进行细化和调理，进而完善整体设计程序，使设计作品更加合理。设计师在进行服装设计的过程中，其设计程序有普遍型，它由一系列的特定环节所构成，但在整体过程中有时需要环节上的置换，尤其是艺术表演类服装创意设计，可能设计师会因为某一种材料而产生创作灵感，从最直接的实物材料中进行设计、通过材料来设计造型以确定主题，这种设计方法在整个设计领域都存在，因此设计程序会在不同条件和设计感知中发生变化，这些都需要设计师来把握。虽然设计的程序会发生变化，但其各个构成环节仍然具有一定的普遍性，并在设计创作的过程中具有重要作用。

1) 艺术表演类服装创意设计的基本方法

艺术表演类服装创意设计的程序主要分为设计前提、设计构思和制作表达3个方面，但在这3个方面下面又可再细分。一般都要经历确定方向、收集素材、设计构思与拓展、制作等几个方面的创作过程。在服装创意设计实践中，服装设计师可以将设计素材不合常规地运用，天马行空地自由拓展，每一个要素的创造性运用与突破性的开发都可以成为设计的手段。但是艺术表演类服装创意设计并不是孤立地通过对某一个素材元素创造性运用就可以成功地完成的。尽管在某一具体设计要素的把握上具有较大的突破，但对于整体设计的协调能力同样是不能忽略的，如果没有非凡的整体意识与协调能力作为创意设计的基础，对于具体要素的创造性开发也仅仅停留在细节的完美上，而不能形成整体的协调统一。所以，对于具体设计要素的创造性运用是建立在整体设计意识的基础之上的，对于服装的造型、材料、色彩等设计要素的创造性运用建立在科学的设计程序基础之上，尤其是对于年轻的学生来说，掌握必要的设计程序比创意更重要。

艺术表演类服装创意设计主要的设计程序分为4个大的环节，如图3-50所示。

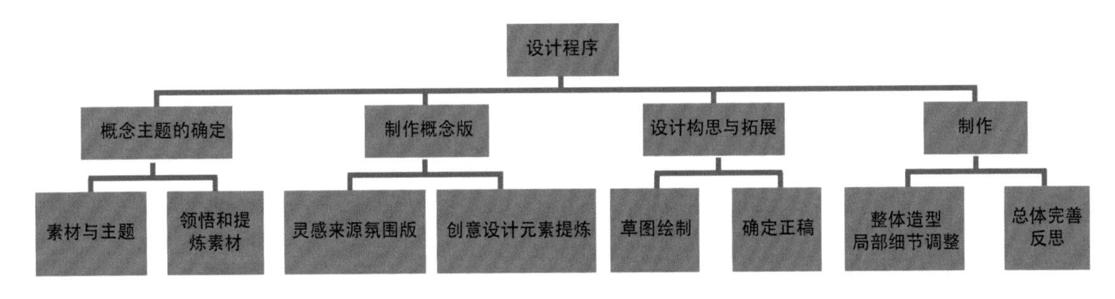

图3-50　艺术表演类服装创意设计的程序

(1) 概念主题的确定。艺术表演类服装创意设计强调服装的创新和艺术表现力，因此概念主题的确定就像方向的定位一样，是服装创意设计的前提。而素材则是引发创作的主要灵感来源，根据素材确定主题，或是根据主题再去收集创作素材都是基本的创作前提。设计实践证明，无论是素材引发创作，还是根据主题再去收集创作素材，都需要在设计之前收集大量相关的设计素材。

通常在创作艺术表演类创意服装之前都会确定一个明确的主题，比如服装创意设计大赛主题的设定，基本上就是在这个主题范围下进行创作素材的寻找；或是服装艺术展览主题方向的设定，又或者是服装创意设计课教师按照设计课程的目标设定的主题范围。设计师在开始设计工作之前，首先要确定设计主题的含义及如何对主题进行解读。通常此类的设计主题会比较宽泛，但是依然会有明确的导向作用，我们则可以在这种大的宽泛的主题下充分发挥设计师的想象力，通过收集相关素材，进一步明确设计方向。

同文学作品的创作一样，“破题立论”也是服装创意设计的第一步。独具特色的设计创意开发，首先是建立在服装设计师独特的设计个性基础之上的。巧妙、独特的创作角度是针对设计主题破题立论的关键，即使是最常规的设计命题同样也可以从独特的设计视角进行分析和创作。首先要对设计主题做一个明确的分析，分析主题是分析解读等过程，以进一步缩小范围，确定明确的创作方向。在这个阶段中，设计师必须深入分析设计命题的特征与限定，积极激发自己的设计灵感，确定独特的设计定位。针对设计主题，设计师如何开拓独特的角度、如何运用自己的个性设计语言表达具有独创性的设计内容，是服装创意设计过程的前提，也为后序的具体创作打下坚实的基础，如图3-51所示。

图3-51　主题为“非洲文化”的创意设计Jean Paul Gaultier

① 素材与主题。分析设计主题的同时既寻找确定的素材，素材与主题同时进行，素材的收集帮助明确主题的范围，将主题落实到确定设计范围和灵感之中，而不再只是字面意思的虚幻和空洞。

这里的素材可以是一个点也可以是一个面，有形的素材，无形的素材。素材收集并提炼后可确定创作主题，主题是设计作品外在形式和内在思想的集中展现，即作品所要表达的是什么，尤其是对于艺术表演类服装创意设计，其深刻的内在意境的传达就更需要有主题作为先导。从素材中选择最感兴趣、最能激发创作热情的元素进行构思，当素材累积的切入点明朗化、题材形象化，并逐渐清晰时，系列主题就会凸现出来。如从城市生活的素材中衍生出来的“魔方”、“行走中的城市”主题等，从环保生态的素材中衍生出来的“绿动-bigbang”、“素时主义”主题等。主题是构思的设计思想，也是创意作品的核心。主题的设定突出表现设计师的个人观念，就艺术表演类服装创意设计的主题而言，它更注重设计主题的原创性，原创性的主题表达是作品的灵魂和精神实质。设计主题的确定是创作的前提，明确设计方向，可以说是作品成型之前的关键阶段，如图3-52所示。

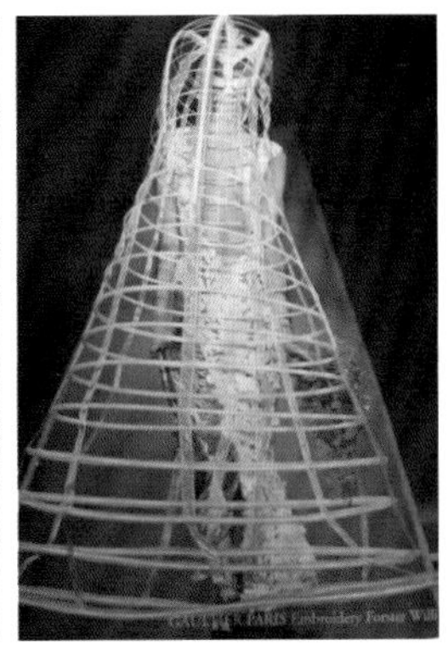

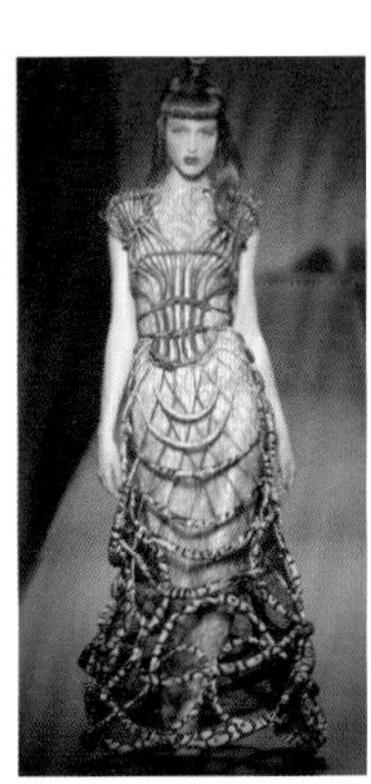

图 3-52　主题为“框”的创意设计　Jean Paul Gaultier

国内一些大型的专业性服装赛事设计主题的设定都尽可能立足当代中国，展现出与世界交流的适时动态。比如第19届“汉帛”中国国际青年时装设计师作品大赛的主题为“渗透”，来自全球的优秀年轻设计师通过自身对主题“渗透”的理解，大多从中国传统与现代文明的渗透，科技与艺术的渗透出发，出现了个体的“书之渗透”、“性别渗透”、“释禅”等明确而精彩的设计主题。因此，对主题的解读和素材的寻找是相辅相成的，可以帮助我们迅速地从虚幻落实到一个设计点。从而展开设计构思，如图3-53~图3-55所示。

图3-53　主题为“航海”的创意服装设计

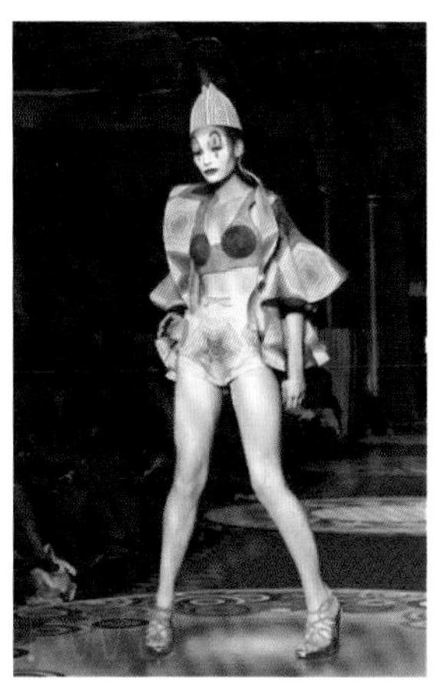

图3-54　以“马戏团”为素材的设计主题　印度设计师MANISH　ARORA09发布会

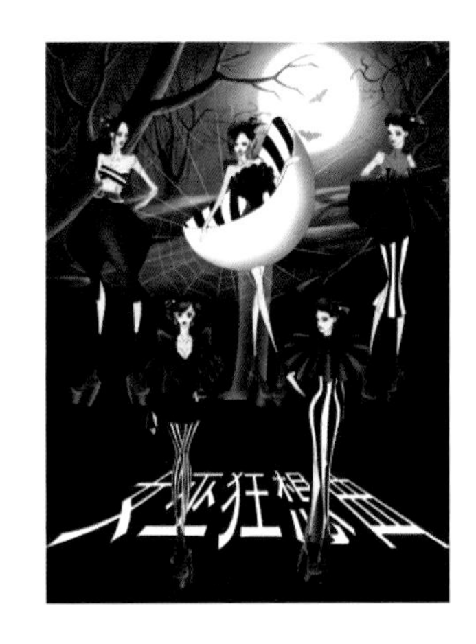

图3-55　以不同素材为设计主题的艺术表演类服装创意设计

② 领悟和提炼素材。每一次素材寓意的理解与创作激情的完美结合，都来源于设计师对素材的深度挖掘和理解，如果缺乏对素材的领悟和提炼的能力，即使好的素材也只能停留在原始阶段，一点价值都没有。因此，无论是具象的素材还是抽象的素材，设计师必须以设计师的眼光，从不常规的角度切入，凭借对事物敏锐的洞察力，运用联想和想象的思维，对素材发现、概括、提炼、归纳、组合等艺术处理的能力，从中提炼出有形的设计元素，将其巧妙地运用到服装创意设计之中，创作出美的形象和美的形式。对素材的把握和消化才能真正做到创作的根本，从而为接下来的设计程序打下坚实的基础，如图3-56所示。

图3-56　不同素材在作品中的体现

(2) 制作概念板。

① 灵感来源氛围板。概念板即灵感来源氛围板，制作概念板就是把与主题相关的素材图片进行组合、刷选，同时将素材和流行意象等结合起来，再把选好的图片黏贴在一块完整的展板上。概念板有的复杂，有的简单。概念板图片的内容主要是和主题相关的一些意象或具象的图片汇总，它可以是形形色色的和服装毫不相关的其他类型的图片汇总；也可以是有代表性的设计作品的汇总。总之，相关或不相关的素材图片放置在一起，最终概念板必须始终抓住设计主题的基调并从视觉上将设计主题推向极致，使不知道主题的其他人一看便能大致感觉出设计方向。

概念板最大的作用是便于一眼看出设计构思的演变以此从中提炼出可用的色彩、造型、结构和面料等设计元素。它是以一种将虚幻的文字主题转化成具体的视觉形象的生动的表现形式，能帮助对收集到的素材集中进行演示，将头脑中模糊的设计理念以清晰的视觉形式体现出来。这是整理思路和提炼设计元素的第一步，它有助于设计师明确目标，拓展理念。一旦重要的想法理顺，有了清晰的思路，设计就会变得简单。设计师通过观察事物和体悟素材，从中找到印象，这些印象如同被分解又重组的细胞一样进入艺术家的无意识中，从而促成实体的形成，使设计的灵感丰富而又有变化，如图3-57所示。

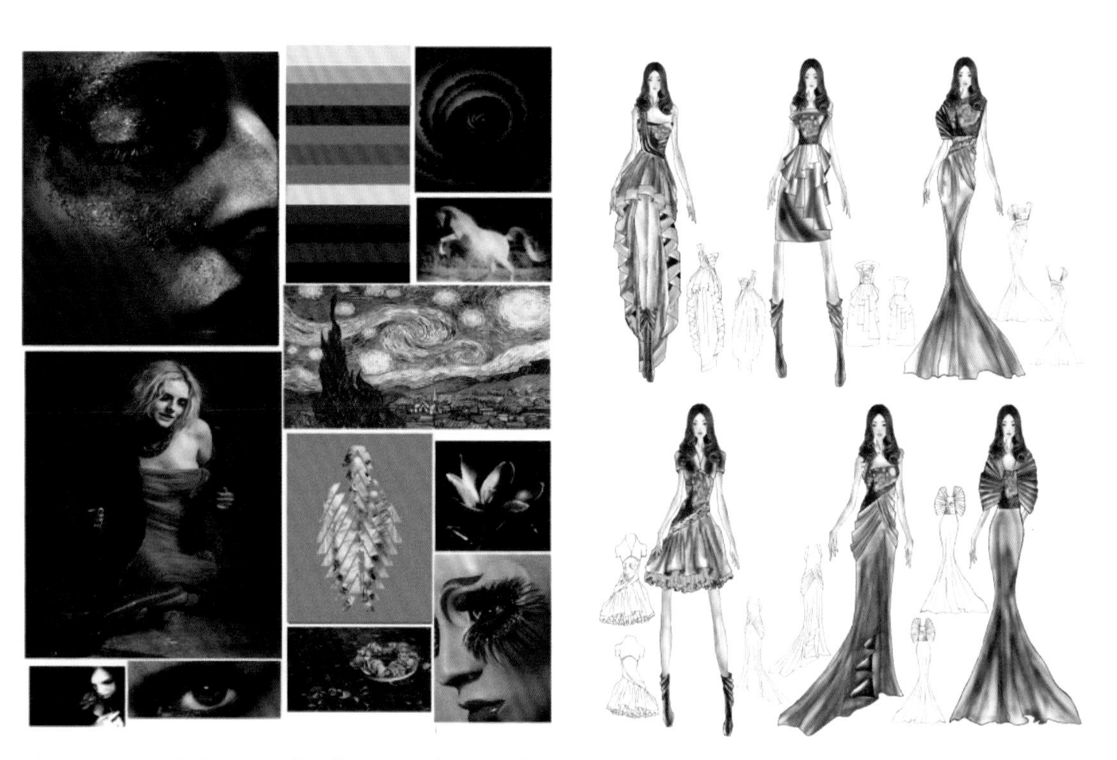

图3-57　主题为“星夜的诗歌”创意设计的灵感来源氛围板

② 创意设计元素提炼。一旦围绕主题的概念板形成，就可以从中进一步提炼出设计元素。创意设计元素的提取可以具体落实到色彩、材质肌理、廓型特征、结构重塑等细节。例如图片设计元素的提炼基于概念板中素材的集中展现，概念板的图片内容通常都是和主题相关的一些自然、风景或其他不具有或具有具体服装形象的图片，因此，从中提炼的设计元素必定具有再创造的原创价值，也集中体现了设计师解读和再现图片灵感来源的能力。对于同一张图片的设计元素的提取，可能不同的设计师会有不同具体元素的呈现，这就体现出不同创作个体的个性，也是服装创意设计最重要的原创个性体现的重点。

灵感素材的提取包括提取色彩调性、提取细节元素、提取面料感度、提取配饰元素、提取图形元素、提取工艺元素、提取形象元素、提取廓型特征、提取造型元素、提取结构元素等，如图3-58所示。

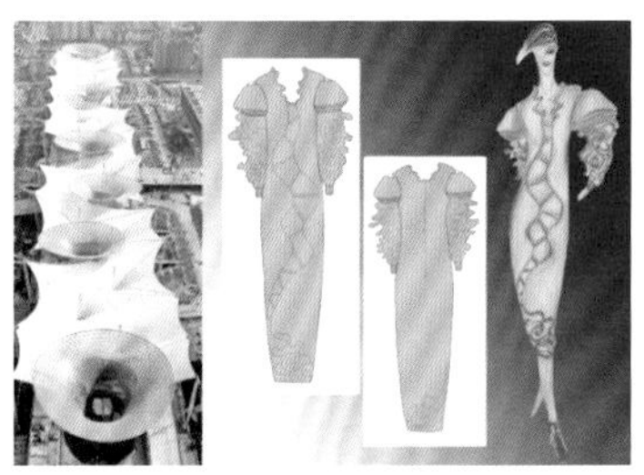

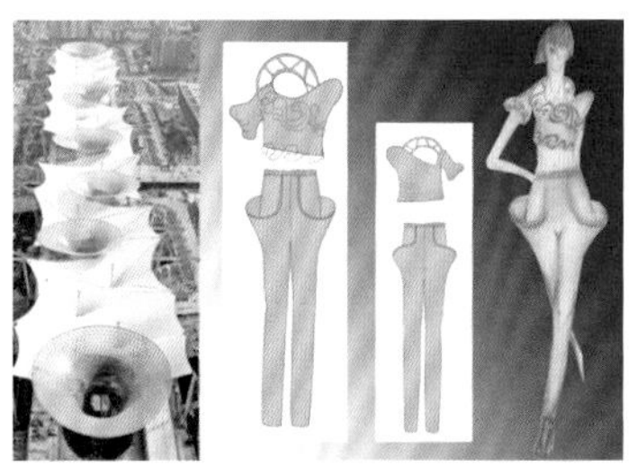

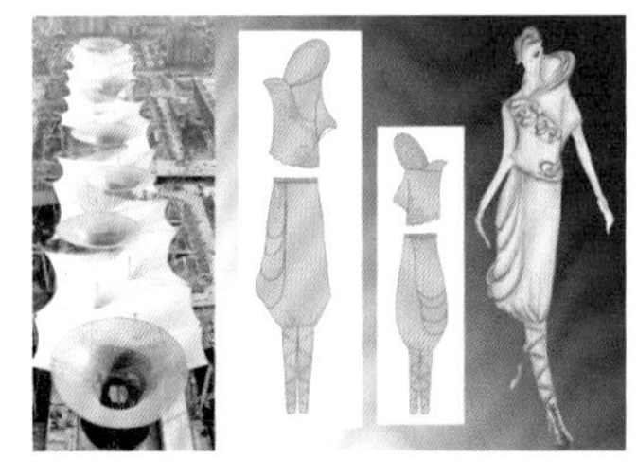

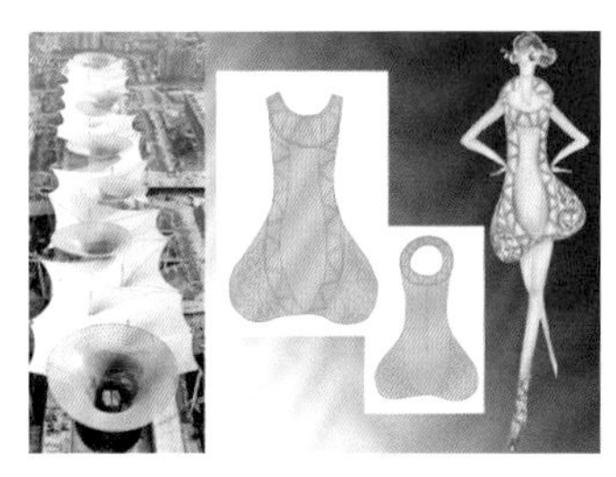

图3-58　以世博轴“阳光谷”为灵感来源的创意设计元素的提炼和运用

(3) 设计构思。

① 草图绘制。主题和灵感来源及设计主要元素提炼并确定好之后，就可以开始大量画草图。绘制草图是将灵感具体化的过程，也是设计思维的深化过程，根据灵感素材和主题，充分运用所掌握的设计形式美法则，通过设计技巧和艺术表现力将想法逐步展现在纸上，通过不断尝试而萌生新的想法，将处于萌芽状态的很多想法逐步清晰明了，设计思路也会逐渐明朗。这个阶段需要设计师将大脑中的构想付诸实施；需要在纸上画出大量的草图，夸张、随意、尽情地表现灵感闪现的一切。设计草图及制作面料小样等过程是为了解决实际的设计效果，色彩、造型等都可以实际展现。在这个过程中可以根据设计理念写下一些关键词，如“奢华的”、“怀旧的”、“精致的”等字样启发设计出与主题相关联的服装造型与细节。从草图到正稿记录了设计思维的真实变化过程，在这个过程中，可以将一些局部的特殊工艺设计制作成实样，这样既能证明设计构思的可行性，也能在工艺制作中的二次设计中得到更多的启示。通过草图或胚样的制作过程，从不同角度分析款式造型的可能性，以确认预期的设计效果，为具体的实施制作阶段打下坚实的基础。

大量草图的绘制及局部样品的制作有利于进一步将设计元素与整体造型视觉化、完整化。初期停留在脑海的零乱的想象和概念板的视觉图形通过草图和胚样一步步转化成实际的设计效果图，设计师由此也从中体会到设计创新的满足和对接下来制作实现的强烈愿望。保持创作的激情是艺术表演类服装创意设计不可缺少的成功因素，也由此迈向作品的成功，如图3-59所示。

图3-59　草图

② 确定正稿。大量草图的绘制就是创意头脑风暴的集中展现，手头的表现能力促使创意思维不断迸发，从而达到逐步实现正确效果图的目的。确定正稿就是在多种变化的草图方案中确定最佳的表现形式，在确定过程中，设计者一方面需要回到最初的感受状态中，回味最初的感觉；另一方面还需要以

艺术的眼光去审视这些构思，以便确定既符合自己的追求，同时又最具艺术感染力的设计形式。倘若发现形式尚不理想、不到位或者还未表现出最初的想法，就要分析原因，能修改的就进行修改，不能修改的就需要重新构思。需要提醒的是，在这一过程中，需要把设计的服装形象，从结构工艺的角度较为完整地在头脑中“制作”一遍，以此来验证设计的可行性和合理性。只有这样，构思才不会是空想和幻想，不至于偏离服装的本质。

正稿的确定是制作前的关键，当然，在制作过程中也有可能出现和所画的设计稿不完全相符的设计表现，这就是画效果图和制作之间的差别。效果图是思维的形象展现，制作是将思维实现的真正具有难度的过程。作为设计师来说，无论实际制作的结果和效果图的差别有多大，都要尽力将设计完善(二次创造的过程)。当然，如果效果图本身就很完善，我们鼓励制作效果完整地再现设计效果图特点，而不是脱离效果图做一些游离的设计创作，这样等于把之前的设计构思付诸东流，设计的程序也失去其有效的意义，如图3-60所示。

图3-60　正式效果图

(4)制作。制作是重要环节，制作过程需要确定作品的整体内容及各种材料和技术等相关事宜；制作过程需要设计师竭尽全力发挥想象力和动手能力，从纸上效果感性的灵感阶段进入制作阶段。制作过程是二次创意和考验创意可行性的最重要的过程，只有通过制作才能将完美的创意美妙地展现出来，因此整个过程是体力和智力的交织过程。

每一件设计作品都由一定的媒介来承载，服装设计也一样，它需要将多种材料和不同技术相结合，从而创作出合理的作品。从图纸跨越到立体成型的过程，制作技术决定了作品的成败，设计师不仅要了解制作技术，而且在创作中要尽可能地解决技术问题，并把创作技巧运用在制作中。制作环节是整体设计方案实施中最为关键的环节，可以说是设计师凭借经验操控材料和工具的能力体现阶段。良好的技术支持能解决制作中碰到的实际问题，充分整合材料、结构、技术等。使作品真正具有原创性，这是艺术表演类服装创意设计的关键所在。

技术与美的合理结合是制作完美的必要条件。制作工艺一般会延续传统的技术，在传统工具和技术条件下完成制作是一种常态。但是艺术表演类服装创意设计的效果往往需要达到令人炫目的技术效果，比如印染、套色、科技迷幻色彩或者大量非服用性材料的添加，镶、嵌、钉等，技术工艺复杂，难度系数大，传统常规的工艺技术解决不了这些问题，科技的发展促进了技术的发展，材料的多样化也提升了工艺技术的革新，设计师必须不断开拓途径和尝试实验，以全新的视觉把握设计和工艺技术的整合，才能真正做到使作品与时俱进和创新。

① 整体造型。服装的整体造型往往决定了服装大的外观效果和基本的创意，因此在制作过程中首先要定好服装整体造型的制作基调，以便确保最终的制作效果不脱离于基本的载体。一些基本的造型取决于样板和立体裁剪的功力，艺术表演类创意服装通常会从廓形上去挖掘创新，因此，富有变化的整体廓形和局部廓形的塑造就需要通过特殊的制作工艺来实现，以达到预期的设计效果，如图3-61所示。

图3-61　不同创意服装的整体造型

② 局部细节。局部细节的设计和表现通常都体现在面料再造、手工钉珠、手工立体效果等细节创意上，因此就需要在制作过程中反复地尝试调整。如材料的创意，需要选择体现作品整体基调和风格的材料创意，根据设计对现有的材料进行面料再造。在这个阶段，设计师不能局限于材料固有的表象，要发挥想象力，借助手工技术等手段进行材料的再创作，这样的实验性工作是极为重要的，一方面能表现设计师把握材料的能力；另一方面又能表现材料的创新性，真正反映

图3-62　局部细节

出艺术表演类创意服装设计的全面特点。通过艺术的表现手法和肌理效果，使原本平淡无奇的面料焕发出焕然一新的艺术效果，充分体现出材料再造的美感，也由此奠定了设计制作的基础。材料的特殊质感直接反映作品外在的视觉美感，无论是局部运用还是整体运用都能增加作品的艺术感染力，丰富设计的视觉效果，如图3-62所示。

③ 总体完善。设计和制作的最后阶段就是调整，使效果图和制作结果尽可能地统一。从整体的角度审视各个细节之间及细节与整体造型之间的关系是否和谐，包括恰当的造型、色彩材质和肌理的美感，精心处理的统一、参差、主次、层次，以及平衡、对比、比例、节奏、韵律等审美关系，实现总体效果的完美性。作为设计师必须具备全能的掌控能力、绝佳的审美评判能力才能使自己的创意完美地呈现。

④ 反思。任何一件成功的设计作品都充满了艰辛的探索和调整，每一个设计阶段都会分析、思考、总结、处理存在的问题，最终完善设计的整体效果。在设计程序的最后阶段应该总结、评价该设计的优缺点，以此作为设计总结。总结设计的目的是反思设计，自觉反思是设计师的工作态度和方法，设计师要分析作品的设计过程，总结设计经验，发现不足并及时作出改进，以提升自我的设计创作能力。

2) 艺术表演类服装创意设计的要点

(1) 设计主题的概念性。艺术表演类服装创意设计不同于其他类型服装，不像成衣设计需要针对目标客服群进行具体设计定位，它没有定向的设计目标群，也不需要考虑商业因素，是纯粹意义上的创新和设计师自由理念的表达。主题的确定也依据创意表现的效果来具体设定，设计师可以根据个人对社会、自然中的诸多现象和事物的体悟进行设计主题设定，也可以根据设计大赛的主题需要进行定位。其主题充分体现出概念性和理想性，借助时代流行的脉搏体现新思潮新观念，是纯粹创造的依托。设计师借助主题概念进行设计思维表达并以服装为媒介来传达设计的自由及艺术张力，这是艺术表演类服装创意设计的最高境界。尽管如此其设计不能脱离人体形态和“衣”的形态，在常规的基础上进行创新，凸显独特的设计理念。

设计主题的概念性是艺术表演类服装创意设计重要的先决条件，虽然主题没有具体的市场要求，但是主题的设计定位不可缺少，如第16届“汉帛”中国国际青年时装设计师作品大赛设计主题为“汉字艺术”，作品要求具有鲜明的时代性和文化特征，设计师可以根据大赛已有的明确要求，以个人对“汉字艺术”的主题理解为切入口进行设计。教学中的课程内容也存在定向的设计要求，艺术表演类服装创意设计的训练课程更多根据教学大纲要求而定，设计要求有主题内容和自由展开，目的是培养学生在服装创意设计中的创新意识和表达设计观念的能力。

艺术表演类服装创意设计的主题具有多样性，自由地表现和展示创意性的设计思想是设计主题的关键所在，如图3-63和图3-64所示。

图3-63 | 图3-64

图3-63 以埃及元素为主题的高级时装

图3-64 以戏剧为主题的艺术表演类服装

(2) 款式造型的创新性、多变性。创新是一切设计的灵魂，艺术表演类服装创意设计的造型在设计普遍规律的基础上更强调设计的创新性和造型的多变性，“一切皆有可能”成为创作的理想。成衣设计必须符合人在特定场合的着装需求，具有实用性，且都有一般普遍的造型设计规律。而艺术表演类服装创意设计则无固定的造型模式，是设计师运用艺术设计基本表现方法自由表达设计理念，通过在人体上运用材料进行“包装”，强调服装

设计艺术的表达。设计师在艺术表演类服装创意设计中有更大的自由度和想象空间，不受常规原则束缚，只要不违背艺术设计的基本规律，可以充分表现个人的设计概念，款式造型上可以大胆运用艺术设计中的夸张、抽象、变形等手法以及综合使用多种设计手法使的常规造型产生新颖多变的效果。

款式创新设计方式多种多样，例如可以选择传统的民族服饰进行变化，通过对选择的服装的主观性设计，突出设计师的全新理念；也可以选择人造物的形态对其拆解和重新组合，达到变异的创新效果；还可以分析设计师对事物的感受和理解，并由此产生不同的灵感；再以此进行抽象形态的设计。创新设计的理念表现形式是多元化的，需要更多地借鉴和吸收多种艺术类型。款式造型上可以借鉴装置艺术、雕塑、纤维艺术、建筑设计、产品造型等，当代艺术中的相关表现手段都可以作为服装造型的载体。比如建筑外形对于概念服装造型设计有极大的启示作用，如图3-65所示。同样，解构主义的设计理念在服装创意设计领域的设计造型上有独树一帜的效果。总之，无论采取传统的设计方式，还是运用当代的设计流派的手法，艺术表演类服装创意设计的创新是永恒不变的主题。

图3-65　以悉尼歌剧院为灵感的服装款式造型

(3) 材料选择的丰富性及材料的创意。服装材料通常分为梭织类、针织类、非织造类。梭织和针织两大类都属于服用性的材料，非织造类材料包括金属、人造合成革、纸质材料、发光面料、塑料制品等非纺织类材料，这些材料通常在成衣设计中只用在很少量的局部或几乎不用，而艺术表演类服装创意设计更注重材料选择的多样性和异质性，不仅仅局限于常规的梭织、针织、皮毛等材料，只要能体现创作效果的一切服用或非服用材料都可选择或组合，以达到令人惊艳的效果。

现代的服装设计已把材料推向一个极为重要的位置，它不是简单地把材料过渡到人体上，而是充分利用各种材料不同的性能，进行混搭或重组，以达到创新的效果。材料的选择是一方面，艺术表演类创意服装在此基础更强调材料再创造加工，突出艺术表演类创意服装材料运用的特质性。材料特质性的运用往往需要将不同材料组合搭配，需要更注重材料再造和使用新型材料，以此体现艺术表演类创意服装整体的创新价值，提高审美的视觉感受。

艺术表演类服装创意设计的材料可以借鉴不同门类的艺术和设计的材料运用，如绘画中的综合材料、雕塑中的金属、玻璃纤维等材料，产品设计中的塑料、橡胶等新型科技材料。同时在材料再造上需要借鉴一些相关的自然物象的肌理效果来进行手工再造，达到材料表面的丰富性，从平面到立体，加强材料创意的层次感。总之在材料选择上要大胆创新，赋予服装新的内涵；在材料再造上要充分运用艺术的手法，技艺并重，增强作品的艺术表现力，如图3-66所示。

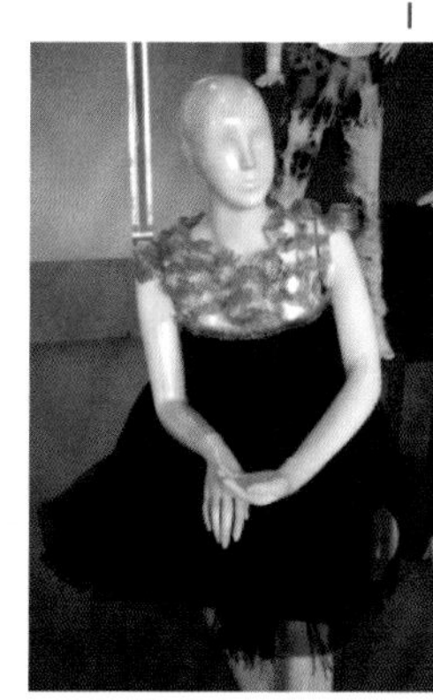

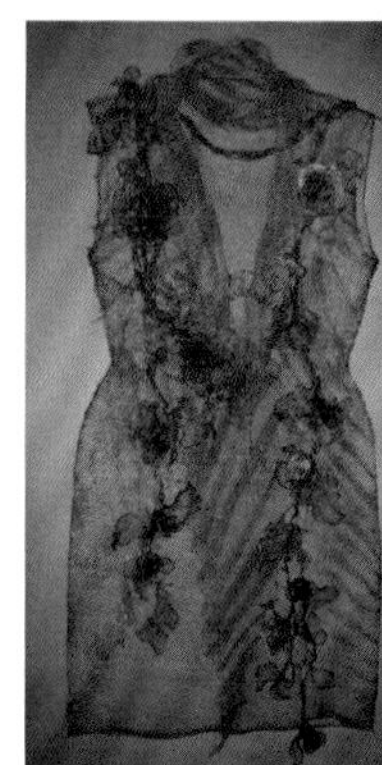

图3-66 材料的丰富创意

除常规的布料之外，木、石、玻璃、金属、羽毛等材料都在个性鲜明的服装创意设计中有所表现。

(4) 色彩设计的创新性。对于一切视觉艺术而言，色彩的表现极为重要。成衣服装设计的色彩设计与运用注重搭配性与商业性，而艺术表演类创意服装的色彩设计更注重原创性和艺术感染力。其色彩设计具有鲜明的个性风格，在合理的色彩搭配中，更加强调色彩赋予作品的表现意义。虽然不像成衣设计需着重考虑色彩的流行性，但其色彩的艺术感染力是流行色的风向标，同时也隐含了未来市场发展的商业价值。

不仅如此，设计师还要结合传统色彩、民族、民俗及国际流行色等特点的色彩，综合各种因素，表现出服装设计特有的色彩效果。需要把握流行色和创新色彩的整体效果，在色彩表现上体现设计师的理念。以法国传统文化为根基的服装设计师Christian Lacroix的高级时装色彩的创意理念为我们树立了典范，他极具创造力的大胆配色使得他的设计风格在多元的国际时装舞台独树一帜。其反常规的配色与搭配手法向世人展现了一个绚烂瑰丽的时尚世界，作品中的色彩种类的丰富、纯度之高让人赞叹。无论何时，其作品的色彩都呈现出对比鲜明、层次丰富、奢华、艳丽的艺术效果，多种鲜艳颜色相互形成的对比关系打破了传统设计理论中的色彩统一与协调的固有规律，看似来源于法国宫廷时期的古董油画，以及画家的调色板的色调经设计师的转化变成自己独特的艺术标签，历久弥新，让人过目不忘。

在Christian Lacroix的作品里，充满缤纷的桃红、艳丽的橙黄与浓郁的紫，而这样的色感，几乎只能在法国南部及更南部的西班牙才能找到。自1987年~1988年秋冬第一次高级女装发布会以来，Christian Lacroix就一直保持着这种设计风格，成为其无法磨灭的个人标志。从Christian Lacroix的作品中，可以看出无论是法国南部或西班牙，Christian Lacroix个人对故乡怀有特殊的感情，也是他不断创意的泉源。此外，歌剧、西班牙斗牛、戏剧的照片，他都有极浓厚的兴趣与品味。欣赏这样一场缤纷的时装秀犹如观看一出魔术表演，观众永远不知道下一秒钟魔术师的帽子里将会变出怎样的惊奇。蓬松的肩袖不知道是由什么支撑着，花瓣袖的裙子仿佛浮动在空气中。万花筒般的色彩在棉布与雪纺纱上起起落落，甜蜜的青春气息带来春夏的纯美，纷乱而迷人，Christian Lacroix 的奇思妙想使得观众的体验趣味盎然。有时装界“调色大师”之称的Christian Lacroix设计的时装以不协调色调、华丽和烦琐风格而耀眼夺目，如图3-67所示。

图3-67 Christian Lacroix的创意配色

同样对色彩的创意体现出独具特色的印度设计师Manish Arora善于从民族历史、大自然及周围环境中得到灵感，设计中着重对创意色彩不拘一格设计风格进行演绎。繁杂的色彩、色彩奔放艳丽的各种华丽图案，将民族气息浓郁的奢华设计呈献给所有时尚人士。无论色彩是饱和抑或是明艳，Manish Arora的整体设计散发出耐人寻味的疯狂创意。他的设计是由不同色彩、图案、离奇的形状等千变万化的幻想组成的，例如他2009年春季款的衬衫，是以微型的但却是真的可转动的旋转木马组成的。还有他2010年秋季款，全是不规则的印花签名，镶嵌着Louise Brooks的霓虹灯，具有好莱坞的未来感受，如图3-68所示。

图3-68 Manish Arora的创意色彩

(5)工艺处理的独特性。传统制作工艺、现代创新工艺的并行为设计创意提供了很好的技术支撑，以高级时装为例，其核心的特点和价值就体现在其独特的手工艺，以及对传统工艺的传承运用上。艺术表演类创意服装从制作上更强调整体的完善和局部的精彩，因此在工艺上的要求明显地体现出其创意的特点和价值。很多传统工艺比如织、造、印染等技术，另外具体到如绛丝、绣、夏布、苗寨银艺、丝织技艺等鲜为人知的技艺，古为今用，融会贯通，成为很多创意设计师表现作品高难度理想的精湛工艺。郭培、NE・TIGER、梁子等设计师的代表作品体现出来的精湛和艺术美感很大程度都来源于传统工艺的活化和革新，以此让作品达到一种瞠目结舌的艺术境界。

因此，在创意设计的表现中，工艺处理的独特性会无形中增添作品的创新和艺术表现力。艺术表演类创意服装也像工艺品一样，需要形、色、艺的完美统一和协调，才能在舞台上或博物馆供人细细地观摩和品位，以此凸显其与众不同的艺术价值。在时尚领域，制作高级时装是一项具有150年的专业技术，特殊的创意、昂贵的材质和高超的手工艺技巧，使其成为服饰艺术的代表。中国高级品牌与本民族传统工艺之间是不可脱离的，设计师郭培每年震撼出场的那些完美的礼服，多数都经历了长时间的纯手工刺绣，同时运用传统工艺技法，达到令人炫目的舞台视觉效果。

如图3-69所示，令人惊叹的制作工艺及高级时装制作过程中所倾注的时间和心思使最后的完成品不仅是一件完美的时装，更是设计精巧、制作细腻的艺术品。

图3-69　令人惊叹的工艺技术处理

3. 艺术表演类服装创意设计典型案例分析

1) 设计案例一

设计主题："俄罗斯套娃"，如图3-70所示(作者：陈城倾)。

图3-70　主题概念板和色彩、细节图

设计构思：灵感来源于俄罗斯特产木制玩具俄罗斯套娃。俄罗斯套娃是俄罗斯特有的一种手工制作的工艺品，其独特的轮廓和外部装饰的图案及特有的异域风情给人产生一种自然的联想，其外部形态的可爱和外表装饰的精美一如服装的造型和服装表面所具有的装饰乐趣，能给人带来无穷的灵感。想象它是一件精美的礼服，穿在现代人身上，给人带来无穷的喜悦和乐趣。

设计过程：共分为5个阶段。

第一阶段：绘制同主题不同表现创意风格的5个设计系列草图。

第二阶段：整合设计元素，绘制设计草图，并确认设计方案。

第三阶段：绘制5个设计系列的彩色效果图及每套的款式平面结构图，如图3-71所示。彩色效果图以平面方式更具体地表现设计理念，通过色彩、款式造型、结构及配饰等形态达到完整的图示效果；款式平面结构图则提供合理的结构示意，为制作提供具体的方案。

图3-71　5个设计系列的彩色效果图

图3-72　彩色效果图和平面款式图

第四阶段：从5个设计系列中选出两套制作，如图3-72所示。

第五阶段：局部细节图案及面料小样制作。针对具体设计进行局部图案的制作，通过在面料上添加不同色彩材质、手工细节以准确表达设计细节的精致和视觉效果。两套服装的手工装饰主要体现在大身和内部塔形的黑色裙子上，主要用到的材质有绣花线、各种颜色的亮片、烫钻，通过绣和烫及手绘等工艺将俄罗斯套娃上精致异域特点的图形完美地呈现在面料表面。手法是手工装饰主义，运用手工装饰主义准确生动地将俄罗斯套娃具有的精美的装饰图案的风格再现出来，如图3-73所示。

图3-73　局部细节图案及手工面料细节

制作过程：

第一，胚样制作：部分白胚样的制作。

图片展示了整套创意服装制作的部分白胚样制作的过程。作为服装创意设计，成品的最终完美效果的呈现完全依靠制作过程中的每一个环节，而白胚样衣的制作过程为后序的实际成衣制作过程奠定了坚实的廓型和结构基础。由于本设计主要体现的是廓型和装饰手法，因此，白胚样从廓型出发，把握立体廓型的塑造效果，第一套的廓型主要体现在整个轮廓上，膨胀的立体圆钟形效果是制作的重点。胚样的制作主要找到廓型塑造的特点；第二套的廓型主要体现在肩部的立体造型，如图3-74所示。

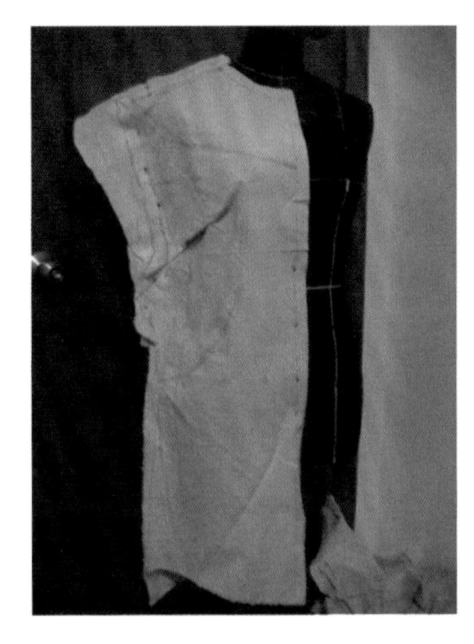

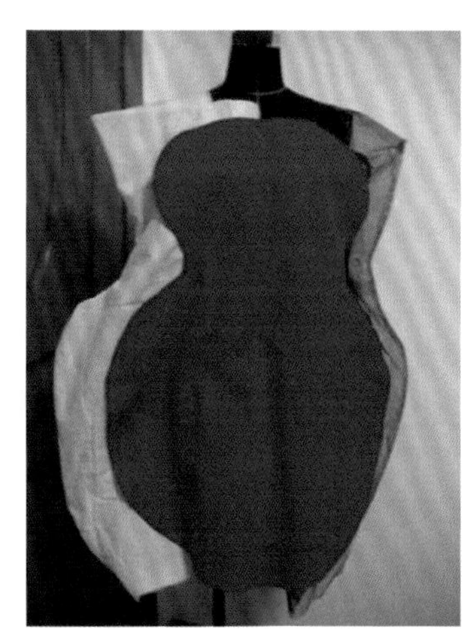

图3-74　两套服装部分白胚样制作效果

第二，面料和设计的结合：实际面料和整体造型结合的过程。

有了样衣的板型，就可以直接将选定的面料结合创意设计的效果进行实际的制作。如何将面料和设计有效地结合并最终得到理想的制作效果是制作过程中的关键，完美作品的呈现依赖于制作过程中反复地推敲和尝试，直至达到和效果图上一致的理想效果，如图3-75所示。

大身面料主要用到大红色羊绒，运用挺括的羊绒塑造出立体廓型的效果。在制作过程中遇到的困难是解构，如何构造出硬挺的效果，不一样的装饰手法会有不一样的视觉效果。裙子的面料是硬挺透明的欧根纱。

图3-75　成衣展示图

2) 设计案例二

设计主题：“融合”。

设计构思：灵感来源于富有东方装饰情调的装饰插画作品《孔雀披风》，结合中国传统工艺“出芽子”，以此表现作品主题“融合”，如图3-76所示。

设计过程：

共分为3个阶段。

第一阶段，绘制设计草图。

第二阶段，绘制设计效果图。设计效果以平面方式表现设计效果，通过色彩、款式造型、结构等形态，达到完整的图示效果，为制作提供具体的依据，如图3-77所示。

第三阶段，确定工艺方法和局部细节处理方法，以及胸前至领口处圆片、半圆片的手工制作。

制作过程：

第一，整体造型和结构的拼合。大身两种深浅不同的面料的拼接，以及整体分割线的处理。“出芽”和“滚边”的工艺为大家所熟知。本作品采用出芽的工艺，利用深浅不同的两种红色，深色红作为芽子。整个大身采用这个工艺，从视觉上形成一种线条感正是作品所追求的效果。无论是分割的线条还是出芽形成的线条感都集中表现了作品最初的以体现“线”型设计的重点，如图3-78所示。

图3-76　灵感来源素材

图3-77　彩色效果图

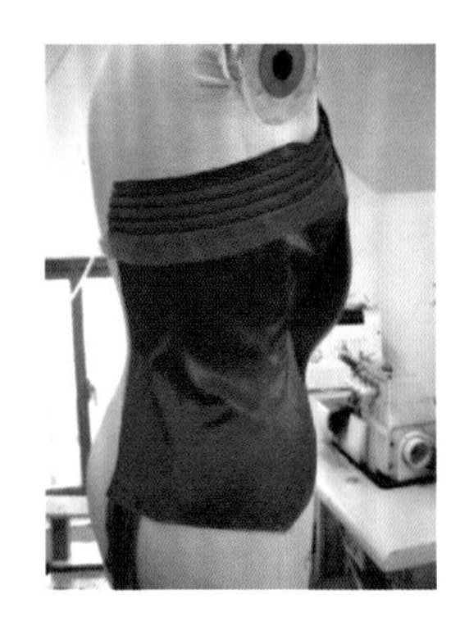

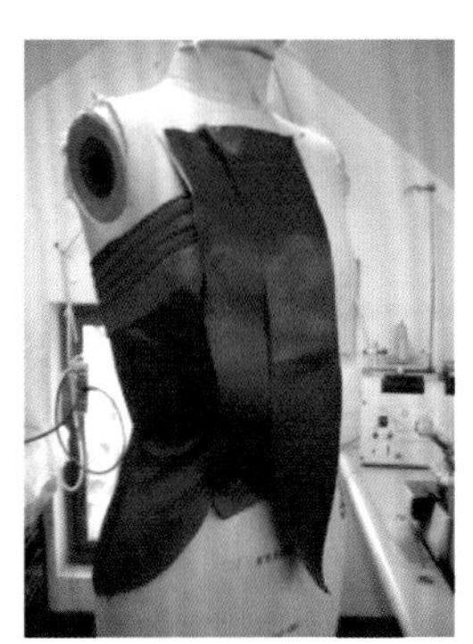

图3-78 大身的制作过程

第二，局部重点的手工处理。整圆片、半圆片的手工制作及编排处理，不同大小的深红和浅红两种圆片颜色的组合叠加需要按照想象中及效果图的演示进行手工编排和缝制。最终反复调整，达到想要的视觉效果。中心部分的圆的造型攫取作品圆的概念，以圆到半圆的叠加，深浅不同的红色和大身的效果呼应，形成一种错落有致的节奏感，同时和大身的线条感相融合，一气呵成，如图3-79所示。

图3-79 领口细节部分和后背工艺细节

第三，面料和设计的结合。面料主要用到了大量的复合丝和少量的涂层真丝面料。复合丝具有真丝飘逸光滑的手感，这种自然带有垂坠和光泽感的面料既经济又出效果。无论是面料手感还是色彩所用的深浅两种红的辉映，都理想地体现了作品传统与时尚的融合主题，如图3-80所示。

图3-80　成衣展示图

三、流行趋势主题表现类服装创意设计

1. 流行趋势主题表现类服装创意设计的特点

流行趋势主题性服装是在流行的范畴内完成的表现类服装。它的表现形式多样，除了展示年(季)度流行趋势发布类服装、高级时装、艺术创意性发布时装之外，还有设计大赛服装、品牌发布会产品、设计师发布会作品等。流行趋势主题表现类服装不但引导服装文化、服装产业和服装生活的流行概念，并使其设计元素能够在社会中广泛传播起来。这类服装不但具有创新的服装主题、强烈的视觉审美效果，更重要的是能为时尚流行提供前沿信息，为大众的时尚审美引导方向，满足大家的时尚需求。流行趋势表现类服装的可分为以下几大类：高级时装流行趋势发布类服装，如图3-81所示；艺术创意性发布时装，如图3-82、图3-83所示；设计大赛时装，如图3-84所示；品牌服装产品流行发布等，如图3-85所示。

图3-81	图3-82	图3-83	图3-84
图3-85			

图3-81　高级时装的流行趋势发布会

图3-82　艺术性时装(1)

图3-83　艺术性时装(2)

图3-84　服装设计大赛时装

图3-85　品牌服装产品流行发布

流行趋势表现类服装的覆盖面比较广，其引导流行的意义也很大。不管展示时尚信息的流行趋势时装、发布视觉盛宴前沿性表演装，还是时尚生活中的品牌成衣流行发布会时装，如果这几类服装表现性上缺少了流行元素或者误导了流行趋势的方向，那么整场发布即将淘汰在时尚和市场的竞争下。因此流行趋势的预测和应用是把握时尚前沿性的关键一步。每年度或者每季度时装文化都会推出流行趋势发布，其从色彩流行趋势到款式流行趋势；从面料流行展示到服装流行风格；从高级成衣到品牌产品等，这些信息成果同时也是设计师完成设计作品的资料整合和个人智慧的展示。高级时装发布和艺术性大赛的设计作品中，每套服装都凝聚着设计师独特的才能、精湛的设计和对流行的深入研究，体现了设计师领先的设计意识和前檐的个性风格，是时尚流行趋势的起航，如图3-86~图3-92所示。目前，高级时装发布频率随着品牌意识的加强和设计师知名度的提高而与日增多，全国性及国际性的服装大赛举办的知名度和档次也越来越高，如汉帛杯、中华杯、真维斯杯等都已经成功举办了多年，这些大赛作品具有艺术性的同时，也为流行时尚的创新性埋下了伏笔。市场是展示服装流行的最直接途径，国内外品牌数量越来越多，每季度都有多个服装品牌举办自己的产品发布会，品牌中流行性元素的应用是设计师对流行信息的把握和设计素质的综合体现。

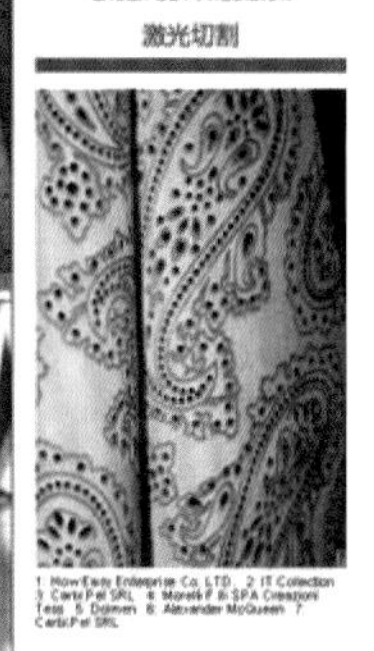

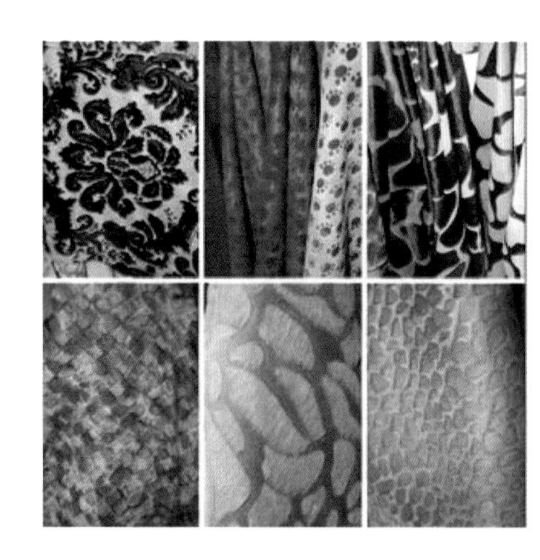

图3-86		图3-87
图3-88	图3-89	图3-90
图3-91		
图3-92		

图3-86　面料的流行信息发布(1)

图3-87　面料的流行信息发布(2)

图3-88　高级成衣的流行信息大片发布(1)

图3-89　高级成衣的流行信息大片发布(2)

图3-90　高级成衣的流行信息大片发布(3)

图3-91　品牌产品流行信息(1)

图3-92　品牌产品流行信息(2)

流行趋势主题表现性服装在进行创意设计时，除了具有表演性服装的艺术性和成衣化服装的实用性之外，主要是把握流行趋势主题表现性的特点，以及流行性元素在创意设计中的应用。当然流行趋势主题表现性服装的特点和流行元素的预测与应用是完成流行趋势主题表现性服装创新设计的主要依据，此类服装的特点是在色彩、款式、面料、品牌风格或者工艺手法等元素植入流行元素，因此了解流行趋势主题类服装创意设计的特点很重要。流行趋势主题表现类服装创意设计有以下特点呢。

1) 新奇性

流行的产生是基于消费者寻求“变化”和追求“新奇”的心理需求之上的，“新奇”即成为流行最为显著的特点。流行又称时尚，是对一种外表行为模式在一定范围内、一定时期内的崇尚方式，是在社会中广泛传播起来的文化。流行趋势主题表现类服装是流行元素的展示载体，集中了一定时期的审美方式和社会文化的特色，在审美、实用、时尚的基础上通过“新奇”的服装语言来展示这一时期的时尚文化，表现途径主要有新型的服装材料、时尚空间的流行色彩、创意新奇的款式造型、精湛创新的工艺手法、与社会文化相符合的艺术风格等，如图3-93~图3-97所示。

图3-93 | 图3-94 | 图3-95

图3-93 新奇的空间造型(1)

图3-94 新奇的空间造型(2)

图3-95 新奇的空间造型(3)

图3-96 | 图3-97

图3-96 Hermes激情大胆的流行色彩打造品牌时尚

图3-97 2012年春夏时装周 Louis Vuitton新型面料

人的心理需求就是对传统有所突破表现，期待对新生的肯定。因此在流行趋势主题表现类服装的创作过程中必须密切关注国际流行趋势、国际艺术思潮，时刻把握服装文化及姊妹艺术流行的主体方向，从流行趋势、流行思潮和流行文化中提炼符合主题创作的流行元素及预测流行元素，并把这些元素进行创新和应用，以此来保证此类主题服装新奇性的特点，如图3-98所示。

图3-98 新奇的创意设计

服装创意设计是一种创新、创意的艺术表现活动，流行趋势主题表现类服装在预测和引导时尚流行信息的同时，更具有应用“新奇性”流行元素于主题设计中的创意体现。流行元素是主要的流行信息点，服装流行元素不仅表现在风格、色调、流行主题等大方向上，还体现在面料、色彩、工艺、图案、辅料等小细节上，如图3-99所示。流行趋势主题表现类服装创意过程中至少有一种创新元素应用在作品中，因为其代表这一时段内流行文化超越了传统服装文化的新奇性特点，满足人类“善变”的心理，同时也预示着新的时尚流行趋势。

图3-99　新奇的服装元素

2) 前沿性

流行并不容易被定义，是某一些事物的出现刚好符合当时人们的审美和心理需求，从单慢慢地变为广，后来越来越多的人开始关注它，就形成了所谓的“流行”。流行趋势主题表现类服装创意设计首先要体现流行趋势的前沿性，即主题设计作品的出现，刚好符合当时人们的审美和心理需求，与时尚文化产生共鸣。如可可·香奈尔的蓓蕾帽和超短裙，为法国革命前被束缚的女装打开了枷锁，成为流行时尚的先驱，如图3-100所示；军服的出现，刚好迎合了轰动一时的电影《大兵瑞恩》，推动了时代的流行风潮，如图3-101、图3-102所示；伊夫·圣洛朗硬朗的几何图形的推出，让女性“渴望坚强的故事”成为时代的时尚，如图3-103所示。

图3-100	图3-101
图3-102	图3-103

图3-100　可可·香奈尔引领时代潮流

图3-101　电影《大兵瑞恩》剧照

图3-102　军服盛行

图3-103　伊夫·圣洛朗硬朗风格盛行

由于流行趋势主题表现类服装其代表着某一时期服装文化潮流的整体倾向，预示着新的流行趋势，因此设计师需要具有超前的审美观念和表现手段进行艺术创作，不仅能充分表达出设计师的审美意识，还要在设计理念上给予人们新的启示，不一定具备实用的价值，但是顶尖的创意和超前的设计理念往往是引导设计流行方向的一个风向标，引导着社会文化的发展方向，如图3-104所示。

图3-104 前沿的设计作品

3) 多元性

服装的流行信息是从多方面来体现的，如风格、款式、色彩、面料、工艺等是时尚、审美标准、科技水平的统一，某一时期流行信息可以是一种或者多种流行元素成为流行主题。而流行的特征除了受地域、气候、风俗、文化、信仰等环境客观因素的影响外，还受人类素养、观念、审美、生活等主观因素的制约。服装的流行在一定的时期内成为社会群体广泛追求的目标，不同地域、不同层次的人对着装风格和流行程度的接受存在着很大的差异，使流行在一定程度上因为风俗、文化和人为条件等主、客观因素而形成不同的特点。因此服装流行因流行的主、客观因素，在不同地域、不同人群中形成了明显的“多元性”特点。

流行趋势主题表现类服装的多元性特点主要体现在服装流行元素的多元化、流行地域的层次化、流行人群的差异化。在流行趋势主题表现类服装作品的创作时，首先对流行信息的种类进行收集和归纳，提炼符合时代特征的元素信息，作为艺术创新的基本条件；接着研究流行的国别和民族及流行人群的心理和审美，地域的客观性和人的主观因素是影响服装流行的原因之一，是进行服装设计创新的必要条件。

4) 传播性

服装之所以能在不同地域有其特定的流行方式，是服装流行的传播在起作用。流行是通过信息途径进行主散传播开来的。国际服装的流行链形成了金字塔形的三角梯，女装由巴黎、男装由米兰这两个国际时装中心首先发布，然后向各地传播。传播过程中，时装会因各地区的风俗习惯、审美标准的影响而有所变化，使之适合本地的审美要求。我国时装受我国香港、澳门，以及日本的影响较大，内地则多受沿海大城市的影响。随着时代的变化，时装产生形式、流行的方式及变化速度和流行时间的长短都会各不相同。生活水平高、生产力发达的地区接受流行的速度要快一些，对流行的执行力度也更强一些，生活水平较低、传播途径欠发达的地区对于服装的流行信息接收较慢，所以同一时期的不同地域在着装风格上存在着“时代差异”，如图3-105、图3-106所示。因此，把握流行信息关注“金字塔”的最高层，即从欧洲的米兰、巴黎的最近流行信息发布汇总顶尖的创意和超前的设计，主散传播到世界各个城市。

流行信息的传播主要是通过大众媒体、时装表演、时尚博览会、各种商店橱窗，以及影视艺术等途径向社会各层传播开的。没有传播流行就很难展开，传播是流行开展的重要方式和手段，传播性是服装流行的重要特点。

图3-105

图3-106

图3-105　20世纪80年代中国的街头流行

图3-106　20世纪80年代Esprit在欧洲流行发布

5) 周期性

服装的流行不是突发的，遵循着“先导物的诞生、在一定范围内接受、部分接受形成流行、一定时间延续逐渐消退、逐渐忘却、再次出现”的规律。服装流行周期性规律具体表现为服装样式的循环性回归及服装流行生命周期的更迭。这个周期性规律受到社会环境因素、个人审美变迁及偶发性事件的支配和制约。服装流行的周期性变化规律是在一种流行被历史逐渐淘汰后，经过一段时间其部分元素特征又会再次出现在当前流行中，这种流行元素在原有的特征上经过岁月的深化和时尚的加工，会使流行元素发生一些融入时代特征的变化。

服装周期性循环的要素特征，主要体现在服装造型焦点上、色彩运用技巧上，以及服装材料使用上等，在沿袭传统的同时带有鲜明的时代的特征，和以前相比都有明显的质的飞跃。再循环的流行元素再次结合更多时尚人文、科技成果，从而能够体现被社会广泛接纳。总之，人类的审美在高频率的作用下易产生审美疲劳，从而被新的视觉因素代替。随着时代的前进与发展被忘却的历史审美思维，也埋没了很久的一段时间，经过历史淘汰以后，又以全新的状态重新出现在当今的舞台——形成了复古元素的再次流行，如图3-107、图3-108所示。

图3-107　2011年加里阿诺复古元素的设计发布

图3-107 | 图3-108

图3-108　Armani Privé 2011年秋冬高级定制发布中式元素的艺术风格依然成为时尚

2. 流行趋势主题表现类服装创意设计的基本方法与要点

流行趋势主题表现类服装创意设计是在把握流行趋势的前提下完成的具有流行信息、时代语言和自身艺术价值的主题表现类作品，是传递流行信息的途径，是设计师创作理念和自身才华的充分展现。流行趋势主题表现类服装创意设计比艺术表演类和成衣类服装创意设计的创新训练，能更好地培养设计师的时代艺术氛围的应用能力、流行元素的捕捉能力、流行趋势的把握和预测能力，而这些能力也是对进行成衣类服装设计和艺术表演类设计的有益补充。

服装设计活动虽然没有既定的章法可循，但是存在着一定的规则、方法和设计程序。流行趋势主题表现类服装的设计作为创作活动，除了较强的艺术审美价值和艺术感召力外，则更强烈地体现在流行趋势主题的把握上，这样就需要设计师运用超前的审美意识，预测和提炼时尚流行主题，运用合理的表现形式去构建作品的创新意境和表达自己独特的审美理想，唤起和提升普通欣赏者的审美欲求和审美层次，从而引领流行趋势信息。因此完整的创意来源于流行信息的研究、日常文化的累积和扎实的创作功底，以及设计师全面素质的综合体现。

1) 流行趋势主题表现类服装创意设计的基本方法

服装设计的程序由一系列的环节构成，一般都要经历确定方向、收集素材、构思草图、设计创作、制作完成等创作过程，但在整体环节中可根据设计要求置换侧重点。流行趋势主题表现类服装创意设计的过程中收集素材会成为设计程序中的重要环节，设计师要在素材的收集上花费很多的时间和精力，因为流行趋势主题表现类服装主要集中体现流行趋势信息的时尚性，设计师要通过各种渠道汇总流行信息和流行元素，并通过提炼把信息应用到自己的设计作品中，为成功地完成流行趋势主题的创作奠定基础。

流行趋势主题表现类服装创意设计的程序主要分为确定设计方向、收集流行素材、确定设计方案、制作完成实物、总体完善等5个环节。在创新服装设计实践中，服装设计师首先对流行信息有一定的认识和研究，在确定设计方向的前提下，针对性地收集流行信息元素，也可以将流行素材打破，尝试推测和应用预测性元素；再把所有的设计元素进行整理，每一个要素的创造性运用与突破性的开发都可以成为设计的手段；接着把所有灵感和构思进行汇总完成设计稿和设计方案，设计图稿是设计作品的效果虚拟表达，对自己的设计作品通过效果图的形式有一个概念性的展示；然后通过工艺手段制作完成实物，实物的

完成是服装设计作品的最后效果。当然作品的后期整理也是起到关键性的一步，设计程序的每个环节都很重要，但是整体设计的协调能力同样是不能忽略的，如果没有整体意识与协调能力作为创意设计的基础，对于流行要素的创造性开发也仅仅停留在细节的完美上，而不能形成整体的协调统一，把握设计程序的完整和统一性是设计师培养的重要内容。流行趋势主题表现类服装创意设计的程序如下。

① 确定设计方向。

② 调研、收集素材。

• 流行趋势的研究。

• 流行元素的研究与应用。

• 设计主题与流行元素的结合。

③设计方案拓展。

• 确定主题。

• 制作概念板。

• 绘制草图。

• 确定设计稿。

④完成实物。

⑤总体完善。

(1) 确定设计方向。服装设计有不同的领域，如市场定位、风格、类别等，每个领域都有其自身的独立特色和鲜明的特征；服装设计还有不同的方向，如传统设计方向和创新设计方向；服装作品要体现不同的概念主题，即服装精神内涵的表现和传达等。在完成服装设计任务时设计师必须先了解设计任务的真正含义，对设计的方向、领域、主题概念及风格定位等有一个整体的方向。明确设计方向是设计主题确定的前提，是作品成型之前的关键阶段。

现在进行流行趋势主题表现类服装创意设计，首先要了解最新的流行趋势主题。一般情况下流行趋势主题都会提前1~2年发布，2012年春夏女装流行趋势主题为智慧光环、都市交响曲、时髦牛仔、映像、文化传承等，需根据流行趋势选择自己的设计方向及确定设计主题。作品只有围绕着设计方向和主题展开，让作品的各方面因素融合于主题内容之中，作品才能体现某一观点和意境，从而具备征服人的精神韵味，设计师就可以通过作品主题完成自己的设计理念和设计意图，如图3-109~图3-113所示。

图3-109	图3-110	图3-111
图3-112	图3-113	

图3-109　智慧光环

图3-110　都市交响曲

图3-111　时髦牛仔

图3-112　文化传承

图3-113　映像

(2) 调研、收集素材。设计主题方向确定之后，设计师在这个阶段的主要工作就是研究流行趋势、调研市场、查阅相关资料、寻找设计的创新点、发掘设计灵感等。流行趋势主题表现类服装创意设计的要点主要体现在流行趋势主题信息的应用上，充足、准确的调研信息是正确把握流行主题的基础，调研信息主要围绕着流行趋势研究、时尚产业文化研究、人类需求心理研究等方向展开；接着根据研究的信息提炼设计素材，确定创作主题，作品主题是设计作品外在形式和内在思想的集中展现，是作品所要表达的观点、意境，是引导的流行趋向；对于流行趋势主题创意服装设计，其内在意境的传达就是要有流行趋势主题信息为先导，然后汇集素材从中选择能激发创作热情的元素进行构思，构思是孕育服装设计作品的重要环节，是设计师把收集来的素材，如资讯图片、实物图片、色彩样板、调研数据等素材进行整理、分类及简化。在素材累积的同时设计师会产生创新的灵感源点，如2012年春夏女装流行趋势主题“文化传承”的系列素材中整理出“记忆的触动”、“痕”、“映影”等题材形象、切入点明朗的灵感源，作品主题就自然跃然出来，如图3-114~图3-118所示。

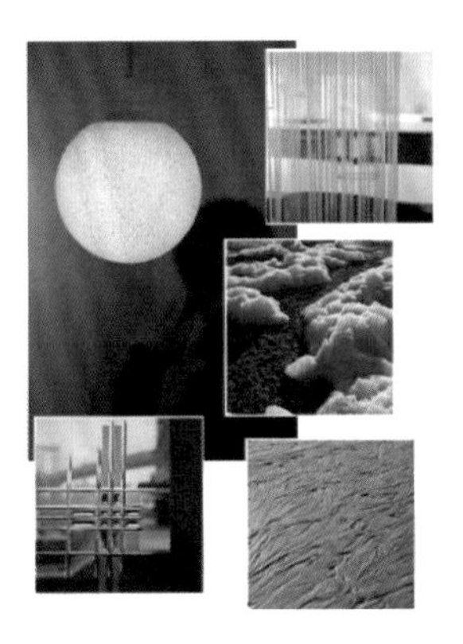

图3-114　主题素材收集

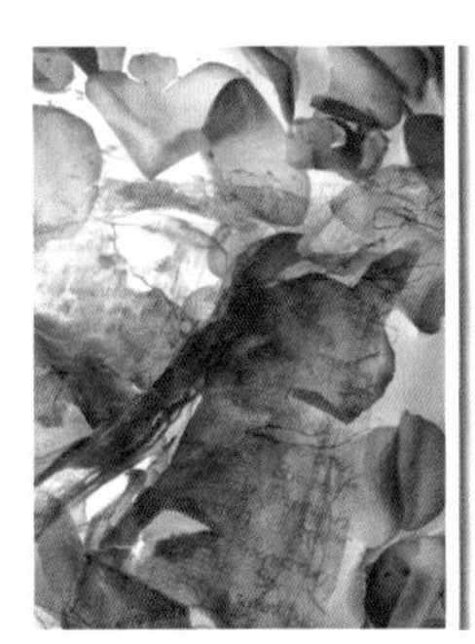

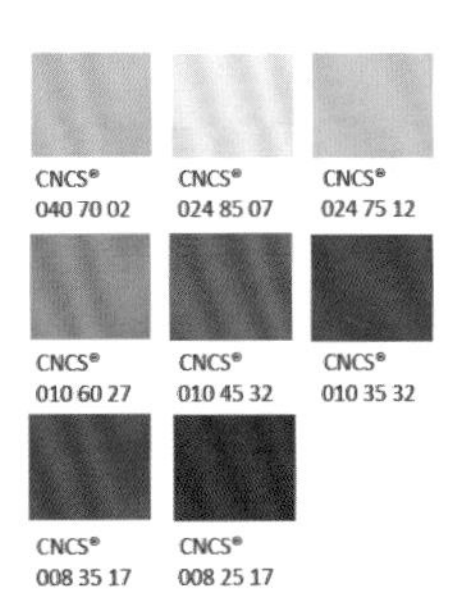

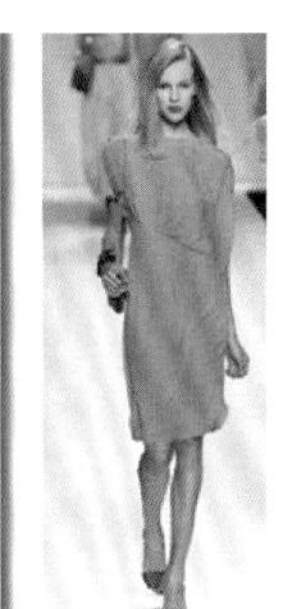

图3-115　色彩素材收集

图3-116　灵感素材收集

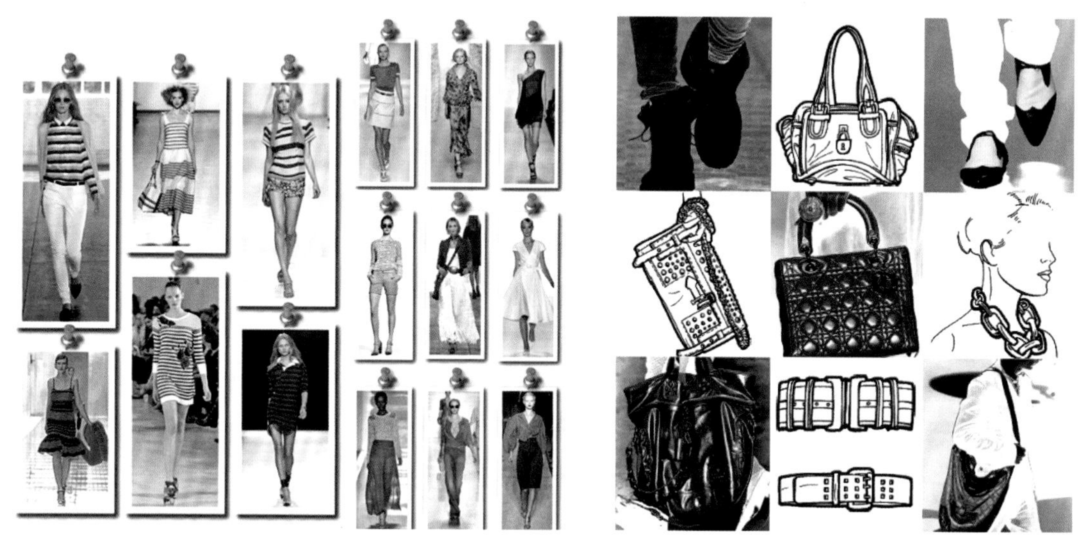

图3-117 服装资讯素材收集

图3-118 服饰素材收集

① 流行趋势的研究。流行趋势研究是对之前流行现象的研究和未来流行趋势的预测，流行趋势的认识是设计师准确把握主流时尚的动脉，成功完成符合时尚的设计作品的关键；品牌企业制定自我发展的流行趋势，并应用到新产品的开发和生产当中去，来适应日益更新的世界时尚的迫切需求；服装流行趋势的发布组织、服装行业、服装企业、服装设计师及在校学生，都充分认识到把握流行趋势的重要性和必要性。随着信息时代的到来，面对国际化流行趋势的浪潮，如何从一大堆流行信息中筛选信息，并将其整理、归纳，根据不同的需要进行应用，成了一个令人困扰的问题。作为服装设计师如何进行流行趋势研究并掌握流行趋势的规律呢？首先要关注流行趋势发布及服装流行趋势设计的实践活动，掌握第一手资料，对国际和国内高知名度和造成一定社会影响的服装流行设计信息进行整理。一般流行情报发行国以法国、意大利、英国、美国、德国等欧美国家为核心，流行信息都是通过流行情报杂志、专业展览会、时尚媒体、设计师流行发布会等渠道发布的，关注这些都是获取流行信息快捷、有效的方法，像巴黎高级时装发布周(PARIS HAUTE COUTUER、COLLOECTION)、巴黎女装成衣发布周(PARIS PRET-A-PORTER COLLECTION)、米兰时装发布周(MILAN COLLECTION)等集中了欧洲的纺织服装产业和优秀的设计师品牌，发布信息影响全球；意大利出版的《COLLEZION DONNA》、《VOGUE》，德国出版的《WEAR》，法国出版的《色彩趋势》等这些公认的时装杂志对流行的预测和倡导起着很大的作用，如图3-119所示。

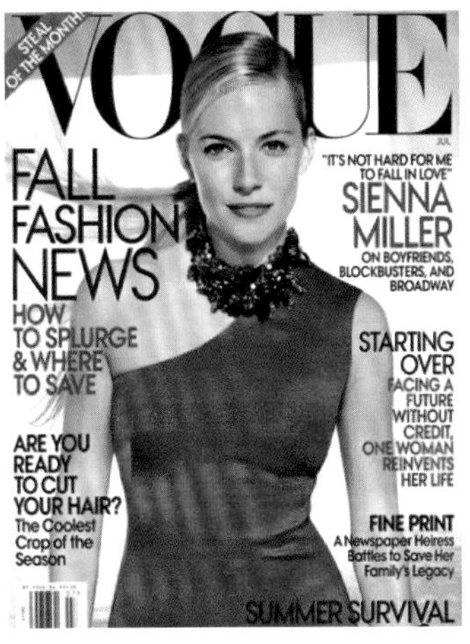

图3-119 《VOGUE》流行杂志不同的国别版本

当然流行信息的汇总和研究只是设计师为创作进行的铺垫，提炼和预测流行信息并应用到自己的创作中是设计师能力要求的必要条件。了解或者参与服装流行信息的发布，分类研究流行元素的流行，结合自己的实践经验和理论知识，进行设计师流行趋势设计手稿的创作，制定未来的流行信息预测方案，形成系统的流行信息库，为流行趋势主题表现类服装的设计做好准备。

② 流行元素的研究应用。设计师在服装创意设计中不但要把握流行趋势的方向，流行的元素也是研究的重点，如款式造型元素、面料元素、色彩元素、工艺元素、风格元素、装饰元素等。研究流行元素是对现有环境中的一些元素进行分析，对未来可能出现的情况进行研究，是对广泛的流行概念的预测，每个世纪每个年代的元素流行及设计大师最新的元素流行信息等都为流行提供了风向标。流行趋势主题表现类服装的设计更突出对流行趋势的个体元素进行解读，将抽象的分散的流行趋势与具体的服装元素充分结合，最后完成具有流行趋势预测类的创造性服装设计作品，系统直观地完成了对流行趋势语言的表达，如图3-120所示。

图3-120 提炼流行元素

从设计师的眼光和角度出发，研究服装流行元素个体信息的过程和方法依然是通过流行信息发布，分析服装流行趋势细节和人的心理需求，并对其流通体系进行调查和研究。通过各种专业渠道，从相关文化和艺术不同角度，调查收集国内外有关时尚流行趋势的各种信息，把设计手稿和细节元素资料汇总，进行归类整理对事物的发展动向作出趋势性的判断。

③ 设计主题与流行元素的结合。设计主题是服装创意作品的设计思想，也是作品的核心。流行趋势主题表现类服装创意设计的主题设定突出表现设计师的对流行趋势的理解，它更注重设计主题与流行元素的融合性，作品中具有流行元素融合性的主题表达才能体现流行趋势主题表现类服装的设计精神和主题意图。

因此设计师在进行作品创作时，流行元素的提炼和设计主题的拟订共同体现了作品的内涵，设计师必须从流行信息的角度切入，凭借对流行现象的敏锐度和洞察力，运用联想思维，对流行素材的发现、概括、提炼、归纳、组合等作一定的艺术处理，从中提炼出具有主题概念的设计元素，设计元素的提取可以具体落实到色彩、材质、肌理、廓型、结构等细节，然后概括成美的形象和美的形式，将其巧妙地运用到服装创意主题上，对流行趋势和个体的流行元素的把握和消化才是真正实现主题创作的根本，从而为设计的成功打下坚实的基础。

(3) 设计方案的拓展。

① 确定设计作品主题。经过设计方向规划、素材收集和调研并提炼后，设计作品的创作主题即可体现出主题意境，主题是设计作品外在形式和内在思想的集中展现，尤其是对于流行趋势主题表现类服装创意设计来说，其意境传达着流行信息的未来，就更需

要有主题作为先导。当素材中提炼的元素累积到特点明朗、题材形象、意境清晰时，设计作品的主题就会自然呈现出来。图3-121所示是主题为“晶体元素”设计作品的素材板；图3-122所示是主题为“记忆的痕迹”设计作品的素材板。设计主题的确定是创作的前提，设计方向明确的体现，是作品成型之前的关键阶段。由前所述，流行趋势主题表现类服装创意设计的主题与流行信息的融合是流行趋势主题表现类服装创意设计的关键，创意的设计主题加上前沿的流行信息、新奇流行元素是完成流行趋势主题表现类设计作品的前提。

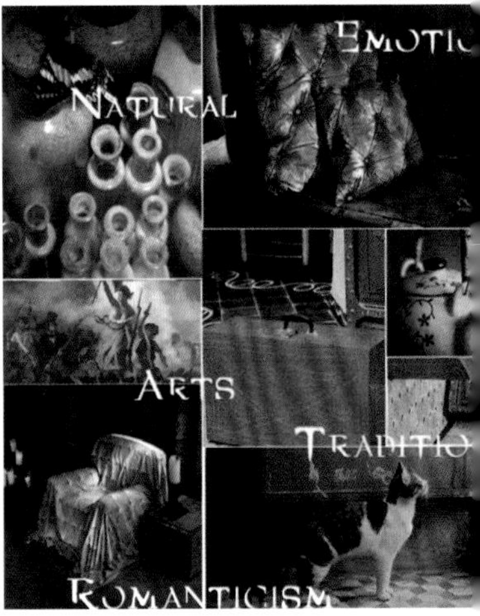

图3-121 | 图3-122

图3-121 主题为“晶体元素”素材板

图3-122 主题为“记忆的痕迹”素材板

② 制作概念板。服装设计主题的体现方式一般为色彩图片、概念片、元素图片等素材的综合汇集，同时将素材和流行意象等结合起来，完成一个主题氛围的营造。这种主题氛围的营造通过粘贴图片展板或者计算机图片拼板等制作出概念板，也称为灵感来源的收集氛围板。概念板的制作是设计师在制定设计方向、市场调研、收集素材时就已开始策划，当主题确定后，设计师就把所有收集来能体现主题、并具有流行意象的素材，以及一些抽象、具象、形形色色的图片元素汇总在同一张展板上，但是展板的整体意向和视觉境界都表达了作品的设计主题，在未看到设计作品，只读及主题概念板的读者能意识到设计师所要表达的精神和意境，如图3-123、图3-124所示。

图3-123 | 图3-124

图3-123　流行色彩主题概念板

图3-124　流行趋势主题概念板

流行趋势主题表现类服装创意设计的概念板主要体现出流行信息的氛围展示，以及从中提炼出的流行色彩、造型、结构和流行面料等设计元素。随着设计要求精细度的加深，制作概念板的形式越来越详细，除了主题概念板，还有流行趋势概念板、面料概念板、色彩应用概念板等。概念板是设计师将头脑中模糊的设计理念以清晰的视觉形式体现出来，是整理思路的第一步，它有助于设计师明确目标，拓展理念，提炼设计元素，是以一种将虚幻的文字、语言主题转化成具体的视觉形象而生动地表现在展板上的方法。概念板的出现为整个设计程序的顺利进行埋下了伏笔。

③ 绘制草图。从明确设计方向、收集流行信息、开始市场调研时，设计师就已经把脑海中闪现的设计方案全部迅速地记录下来，用草图的形式记录下设计构思的点点滴滴，当设计思想需要斟酌或者构思已经达到成熟时，设计造型的草图自然而然地出现在纸上。当设计方案已形成完整系统的思路时，设计师再从草图中分析筛选具有主题意义的设计指令，再次进行深入化构思、细致化设计，直到设计思想基本完成。

设计草图的形式各种各样，是设计师设计路程的所有痕迹的记录，是设计师记录设计思维从草图到正稿的真实变化过程，有整体造型，也有局部细节，以至于还有着装效果图、局部工艺试验结果分析图等。在草图绘制过程中，对款式造型、面料应用、工艺细节等做不同角度的可能性分析，以确认预期的设计效果，为完成创新设计奠定了坚实基础，如图3-125、图3-126所示。

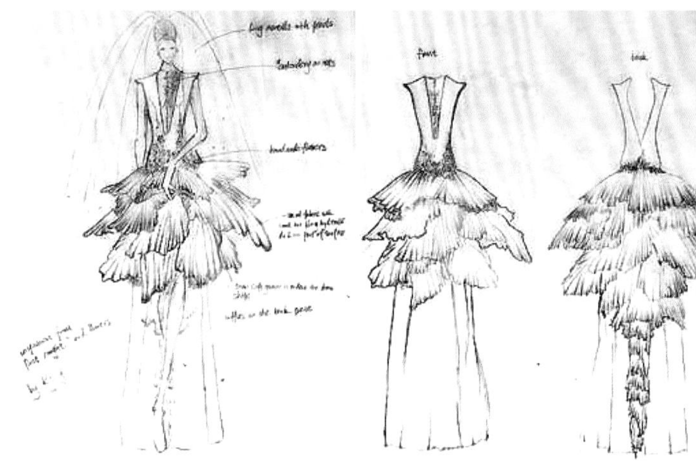

图3-125　设计草图

图3-126　成衣设计草图

④ 确定设计稿。设计正稿的确定也就意味着设计作品效果已经基本出炉了，是设计师筛选和提炼所有头脑风暴的草图方案而汇总为一系列正稿方案，在筛选的过程中要选择最佳的创意形式和最具有感染力的设计形式，选择符合设计方向的人体造型和文案表现形式，应用彩色表现手法完成设计效果的表达。在确定正稿效果的同时设计师必须把完成设计作品的工艺程序在大脑中有一个清晰的路径，设计稿的绘画效果因面料材质表现、工艺手法的运用而产生意想不到的效果，因此设计正稿不仅仅是草图构思的效果展示，也是设计师必须掌握面料、材质、工艺、技巧的总体体现。

设计正稿一般由设计效果图、款式图、款式细节、工艺图等几部分组成，设计正稿的表现形式很多，设计师可根据需要把几部分表现在同一页面，或者分不同页面表现，也可以制作主题氛围的页面形式，如图3-127~图3-129所示。

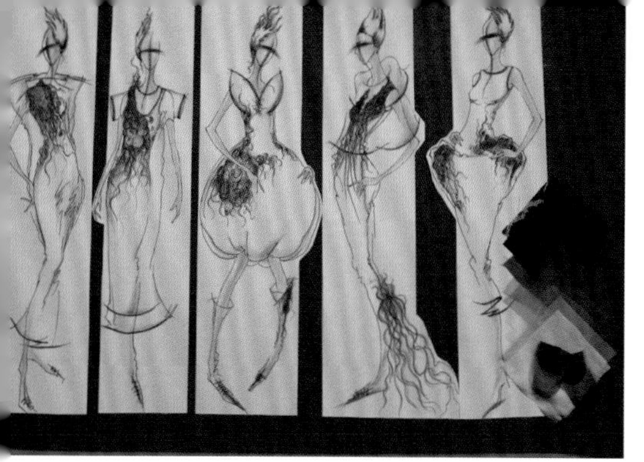

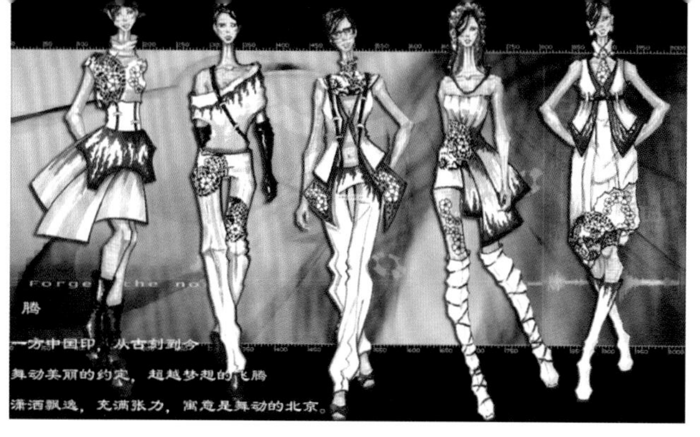

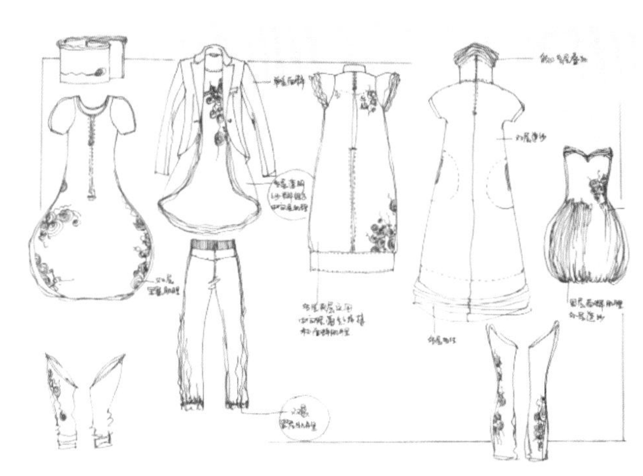

图3-127	图3-128
	图3-129

图3-127　设计效果图

图3-128　设计效果图

图3-129　设计款式图

(4) 完成实物。

所谓完成实物是指经设计思维转变成可以用感官感知的实物形式。设计不是纯粹的意念形式，没有经过物化的、没有变成实物的就不能称为设计作品。服装设计作品实物化的过程是把设计思想运用材料和技术的科学结合，进而制造出来的具有视觉和感知的实物形态，通过材料选用、裁剪排料、结构塑造、工艺整合、整理完成这5大过程完成实物。制作环节是整体设计方案实施的关键环节，是设计师凭借经验操控材料和工具的技术能力体现阶段。从设计图纸跨越到立体成型，制作过程的每一步都是作品成败的关键，设计师不仅要了解材料特性、裁剪技巧、结构工艺技术等，而且在创作中要尽可能地解决突发的技术问题，并把创作技巧运用在制作中。

流行趋势主题表现类服装的实物完成过程在服装创意设计的基础上，更应把握流行趋势的信息应用，如材料选择要新颖前卫，裁剪方式要创新，工艺与先进的科学技术要结合完整等，创新的工艺、先进的技术都可能成为流行趋势的一大亮点。良好的技术支持能解决制作中碰到的实际问题，充分整合材料、结构、技术等，更好地帮助设计师顺利实现设计效果的塑造。

(5) 总体完善。

设计作品已经成型之后，设计师可以舒一口气，但这并不代表着设计的完成，设计和制作的最后阶段就是整理完善，使设计效果图和制作结果尽可能地协调统一。设计师从整

体的角度审视各个细节之间，以及细节与整体造型之间的关系是否和谐，包括主次是否平衡、造型关系是否恰当、色彩肌理是否协调、工艺手法是否完善等，精心处理每一个部位来实现总体效果的完美性。

当然，每一套设计作品的完成都是设计师经验的总结，在设计的过程中出现的疑虑和问题都是下一次娴熟的基础，任何一件成功的设计作品都有不寻常的经历，作品中充满了设计师的艰辛劳作。因此，设计师需学会总结性地完善设计方案，发现问题，反复调整，总结经验，提升自我。

2) 流行趋势主题表现类服装创意设计的要点

(1) 注重设计的前沿性。

流行趋势主题表现类服装的设计观念要求新颖，视觉表达要求引领时代的潮流，预示着服装流行的主体方向，体现着新观念新思想。在流行主题的创作过程中与国际流行趋势、时尚文化和艺术流派有着较为密切的联系，这种特征决定了其设计的超前性和时尚性，还要体现出来新工艺、新方法以及新科技的创新性，代表了当代艺术思潮和科技文化的新发展趋势，因此流行趋势主题表现类服装的设计集中展现了信息的前沿性。

流行趋势主题表现类服装代表着某一时段内服装文化潮流、服装造型、服装工艺手法的整体倾向，预示着新的流行趋势，因此设计师需要具有超前的审美观念与先进的表现手段进行艺术创作，通过对服装、相关产业，以及消费者信息的了解和分析，确定未来的流行方向和流行焦点，用语言、文字、图像、实物等加以表达，用服装语言引领时尚。

(2) 把握设计主题的时效性。

流行信息突出反映了当时的社会和文化背景，随着时代的发展它很快又被新的流行信息所代替，这就是流行的时效性。流行文化是人们身边的文化事实，它正在模铸人们的生活，同时人们的生活也可能成为新的流行文化产生的契机，流行趋势主题设计的内容必须是最新发生的新颖样式的升华，体现时代文化的背景信息。因此设计师要能够设计出成为流行趋势的设计作品，就必须对时代的社会文化现状、背景、形成原因，以及人物的心理等进行深入研究，结合流行趋势主题，既体现时代文化又能容入时代文化需求现状，是设计师体现流行趋势主题设计“时效性”的关键。

(3) 注重款式造型的引导性。

款式造型是服装流行的信息重要元素，代表着流行时段服装文化和服装造型的整体倾向，预示着流行信息的蔓延，因此设计师需要把握超前的审美观念和现实的需求观念，以及能够引导流行的造型理念和表达手段进行艺术创作。服装的款式造型受社会文化倾向的影响很大，如以“瘦”为美的时代，“H型”、“X型”的造型或削肩的款式成为流行的主导，顺势即成为人们选用的对象。款式流行的引导性的作用不可小觑，这种引导性的作用预计的流行信息通过服装业可以兑现。

(4) 强调材料选择、色彩应用、工艺制作的创新性。

服装材料、色彩、工艺是进行服装设计的必要条件，同时材料选择、色彩应用、工艺制作是流行趋势中流行元素的体现，流行元素的创新性是展示流行趋势的视觉表达手段之一。流行趋势主题表现类服装具有流行信息含量的同时，用材料、色彩、工艺的某一种形式表现出来的服装设计作品，即可成为时尚的流行的卖点之一。因此流行趋势主题表现类服装可以运用材料、色彩、工艺服装表现形式完成艺术思想的展示，如服装材料的二次加工、针织毛边、自然卷边的工艺创新形式等，设计师可以运用服装材料、工艺技术的特有性能和艺术界大胆的创新手段，完成时装艺术作品。

3. 流行趋势主题表示类服装创意设计典型案例分析

1) 设计案例一

风格定位：时尚休闲装，具有创意且结合一定的时尚流行趋势。

设计理念：以“用自己的创意点缀生活，展现自我风格”的设计理念，表达集功能性、实用性、流行性、艺术性为一体的服装概念。

设计主题：《潮韵》。

设计构思：灵感来源于设计主题“海纳百川”，“海”喻为充满生机的海宁等经编生产基地，“川”喻为融贯东西的经编。同时引入2010年春夏科技、人文、绿色的北京奥运主旨，诠释着“城市，让生活更美好”的上海世博主题，结合流行趋势采用解构的手法将不同材质混搭的效果，局部运用了当季最为流行的局部立体造型设计，增强了服装的现代感和结构感，迎合时尚潮流的同时呼应主题。

设计过程：共分为4个阶段。

第一阶段，绘制设计系列草图及主要设计元素。

第二阶段，整合设计元素，绘制一个系列6套设计草图，并确认设计方案。

第三阶段，绘制彩色设计效果图及每套的款式平面结构图。彩色效果图表现设计理念，通过色彩、款式造型、结构及配饰等形态达到完整的图示效果；款式平面结构图则提供合理的结构示意图，为制作提供具体的方案，如图3-130、图3-131所示。

图3-130　流行分析

图3-131　彩色设计效果图

第四阶段，面料的准备；针对具体设计进行面料的配搭及面料色彩的染色处理。

本系列共采用了蕾丝、纱、仿皮等面料。在面料配搭上做到轻盈、虚实层次效果。不同面料的拼接、色彩的对比、不对称设计及对当季流行趋势的再现是重点,如图3-132所示。

图3-132　成衣图

制作过程：

第一，样板制作。部分白胚样的制作。

第二，面料和设计的结合。实际面料和整体造型结合的过程。

选取其中5套制作。本系列5套服装整体采用蓝色与黑白的对比色调，廓型以紧身为主，上衣和下装的组合及整体连身裙兼有。裁剪以平面为主；制作过程中局部立体几何的造型的处理是重点，结合当季时尚流行趋势，并将其体现在服装上。另外不同面料之间的拼接所体现出的流行趋势及整体的不对称效果的处理是其表现的重点，也是突出表现流行趋势在成衣创意设计中的运用及体现，如图3-133所示。

图3-133　成衣展示效果

2) 设计案例二

流行趋势设计报告册制作——2010年春夏流行趋势与成衣设计

时尚休闲装，具创意且结合一定的时尚流行趋势。

设计理念：以"用自己的创意点缀生活，展现自我风格"的设计理念，表达集功能性、实用性、流行性、艺术性为一体的服装概念。

设计主题：《科学怪人》。

设计构思：灵感来源于从2010年春夏女装流行趋势市场调研分析，以及流行趋势报告分析中提炼出的设计主题"科学实验室"。集中展现现代都市时尚的潮流和时尚本身带有实验及新鲜感的热烈和多元。

设计过程：共分为4个阶段。

第一阶段，设计调研，流行趋势分析和流行信息采集。

第二阶段，市场调研分析以及2010年春夏女装流行趋势分析。

第三阶段，确定设计主题，阐释创意理念。

第四阶段，绘制彩色设计效果图。彩色效果图表现设计理念，通过色彩、款式造型、结构及配饰等形态，达到完整的图示效果。

制作过程：

第一，封面制作。

第二，目录。

第三，市场调研报告分析及流行信息采集。

第四，2010年春夏女装流行趋势报告；灵感来源氛围板，如图3-134所示。

第五，设计主题及创意阐释，如图3-135所示。

第六，彩色效果图制作，一个系列6套。本系列突出表现了戏剧性与童真的混合；采用未来主义风格的造型和面料来体现设计主题。在设计中频繁采用了衩口元素，与当季最流行的局部裸露流行风相对应，此外，带有建筑感的篷裙、铅笔连衣裙、圆润肩部设计的半身斗篷及解构主义连身裙都出现在设计中，集中展现了流行与创意的结合，如图3-136所示。

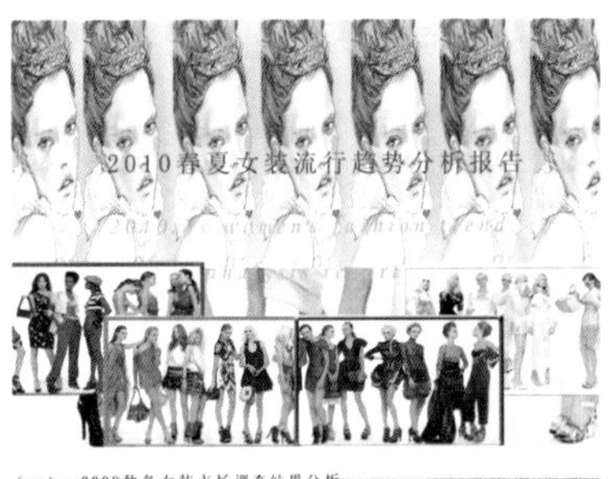

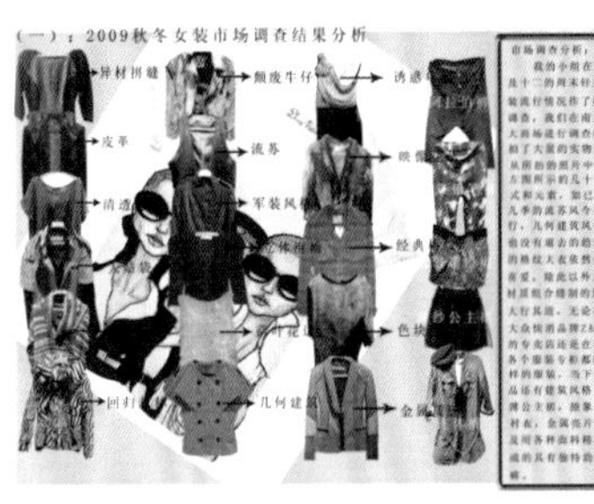

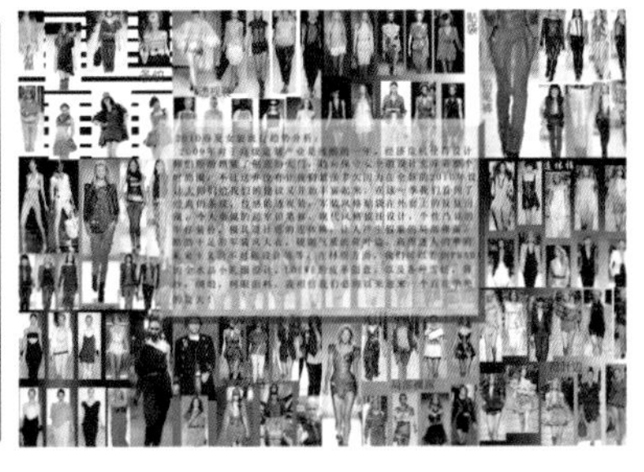

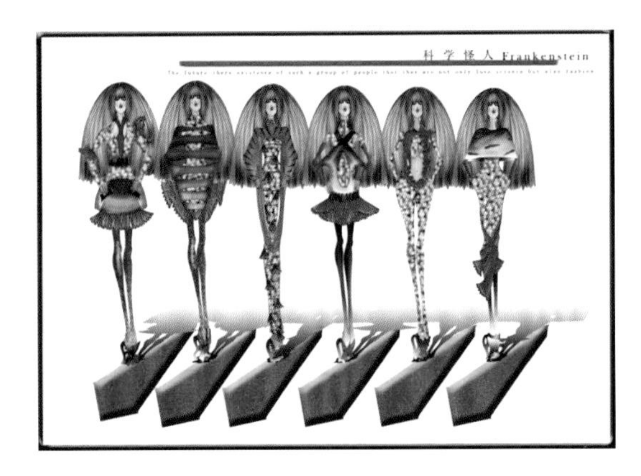

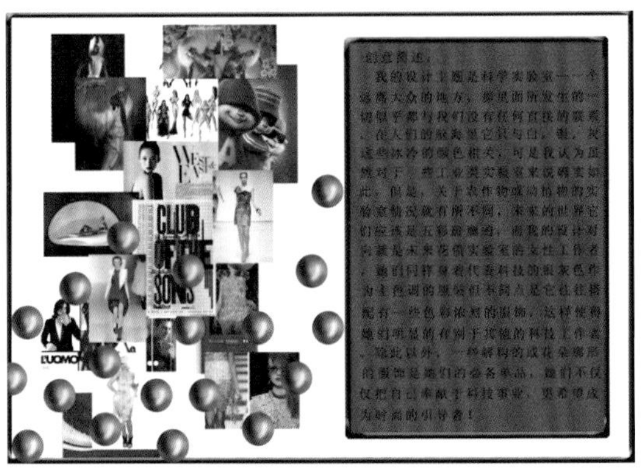

图3-134
图3-135 | 图3-136

图3-134　流行分析报告

图3-135　设计主题说明报告

图3-136　设计效果图

3) 设计案例三

流行趋势设计报告册制作——2010春夏流行趋势与成衣设计

风格定位：时尚休闲装，具创意且结合一定的时尚流行趋势。

设计理念：以“用自己的创意点缀生活，展现自我风格”的设计理念，表达集功能性、实用性、流行性、艺术性为一体的服装概念。

设计主题：《艳遇春天》。

设计构思：灵感来源于从2010年春夏女装流行趋势市场调研分析以及流行趋势报告分析中提炼出的设计主题“艳遇春天”。集中花朵元素在春夏的烂漫和流行。

设计过程：共分为4个阶段。

第一阶段，设计调研，流行趋势分析和流行信息采集。

第二阶段，市场调研分析及2010年春夏女装流行趋势分析。

第三阶段，确定设计主题，阐释创意理念。

第四阶段，绘制彩色设计效果图。彩色效果图表现设计理念，通过色彩、款式造型、结构及配饰等形态，达到完整的图示效果。

制作过程：

第一，封面制作。

第二，目录。

第三，市场调研报告分析及流行信息采集。

第四，2010年春夏女装流行趋势报告；灵感来源氛围板,如图3-137所示。

第五，设计主题及创意阐释,如图3-138所示。

第六，彩色设计效果图制作，一个系列6套。本系列突出表现了花朵的装饰和细节的完美，花卉元素历来是春夏流行趋势中经典中的经典，流行趋势在变，唯有花之风格不变。每一季设计师都以平面印花或立体花朵的装饰和造型来体现女装的浪漫和唯美，2010年春夏依然不例外。本系列从常规元素出发，集中展现了花与蝴蝶相遇的春夏之浪漫和喜悦，处处可见的妩媚花朵和蝴蝶，诉说着春夏大自然的无穷的美。细节表现上以立体造型花朵和平面印花为主，整体展现服装的飘逸和精灵,如图3-139所示。

目录

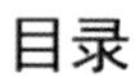

图3-137	
图3-138	图3-139

图3-137　流行分析报告

图3-138　设计主题说明报告

图3-139　设计效果

思考题与训练

1. 成衣类服装创意设计中的“创意”具体指的是什么？从设计方面来看，成衣类创意最侧重哪个方面？

2. 成衣类服装创意设计的设计调研具体有哪些步骤？设计调研有什么重要性？

3. 针对某个女装品牌展开设计调研，分析其设计理念风格及每一季产品创意的具体运用和体现。要求：以汇报总结的形式呈现；图片为主，文字为辅；介绍全面，分析到位。

4. 结合“真维斯”休闲装设计大赛，设计一个系列5套休闲装。要求：作品紧贴时尚流行，体现现代人的生活方式和着装风格；设计具创新的同时具有成衣的市场潜力和流行导向性；系列完整，构思巧妙，整体和细节处理新颖富有创意。

5. 简述成衣类服装创意设计的方法和要点。与艺术表演类服装创意设计的方法和要点的共通性是什么？

6. 作为创意服装设计中一个类型，艺术表演类服装创意设计的主要作用有哪些？作为设计师必须具备哪些基本的素养和技能？

7. 艺术表演类服装创意设计的要点与其他类型的服装创意设计有什么区别？如何将设计要点运用在设计实践中？

8. 设计程序的熟练掌握对于设计创作有什么帮助？设计程序和设计环节之间是什么关系？哪个环节最重要？

9. 通过艺术表演类服装创意设计案例的演示和了解，制作不同主题素材的概念板4张，要求：设计主题鲜明、理念清晰；视觉渲染效果生动明确。纸张规格：A3大小。

10. 结合国内创意类大赛，设计一个系列(4套)的艺术表演类服装创意设计。要求：设计主题紧靠大赛主题和宗旨；设计系列完整具创新性；制作过程具有创意且体现手法和材质的创新；制作效果达到或超越纸面效果的表现。

第四章 服装创意设计灵感的捕捉

【教学目标】

服装创意设计灵感捕捉的方法和步骤对于开发学生的设计思维，培养学生设计灵感的捕捉能力和创作能力起到重要的作用。

本章主要讲授服装创意设计灵感阐发的途径、思维方式，并对服装创意设计灵感捕捉案例进行分析，将设计灵感阐发的途径和思维方式结合实际案例，以生动和实际的形式将创意服装设计的乐趣和艰辛呈现出来，从而激发学生的创作热情和活跃思维。

本章旨在使学生掌握基本的服装创意设计灵感阐发途径，进行灵感捕捉，并在实际设计中有效运用。通过本章的学习，让学生切身体验到从服装创意设计汲取灵感素材，收集素材，到完成由灵感转化为服装创意设计实现的完整过程，强化对学生创造性思维训练，提高对服装创意设计灵感的捕捉及表现能力。

【教学要求】

(1) 了解服装创意设计灵感阐发的途径。

(2) 把握服装创意设计的思维方式。

(3) 服装创意设计灵感捕捉案例的领悟和体会。

(4) 把握服装创意设计灵感的捕捉与深化，打开思路，冲破定向思维的模式，学会从多角度、多渠道挖掘设计灵感，同时训练敏锐地观察事物，领悟素材和转化素材的能力。

【知识要点】

(1) 服装创意设计灵感阐发的途径。

(2) 服装创意设计的思维方式。

(3) 服装创意设计灵感的捕捉。

一、 服装创意设计灵感阐发的途径

灵感存在于每个人的大脑中，是人们直觉表现最活跃的思维现象。处于灵敏状态中的创造性思维，想象力骤然活跃，思维特别敏锐和情绪异常激昂，在这种情况下，往往就会出现灵感，创意也就随之而产生。灵感是人们思维活动中产生的一种质的飞跃，头脑大悟产生豁然开朗的新思路，是其他心理因素协调活动中涌现出的最佳心态的思维，一种突发性的思维结果。许多创意都源于灵感，诗人、作家有了灵感，就会思路顿开，创造出优秀作品；音乐家、画家有了灵感，就会抓住瞬间的火花，创作出打动人心的作品；服装设计师有了灵感，就会创意顿时显现，设计出新的造型和款式。

在进行创意设计时，对灵感的挖掘和开发是具有创新意识的设计师非常关注的方面。在服装创意过程中，再也没有比一个灵感意念的产生——一个既有独创性，又含有深刻含义的构思放射出的智慧之光更令人感到鼓舞和欣慰了。从表面上看，灵感具有突发性，似乎是灵机一动的“顿悟”。但实际上，没有坚持不懈的创作体验，没有广博浓厚的素养积累，也就不会有瞬间的灵感迸发。在这思维火花闪烁的一瞬间，凝聚了我们对专业及和专业相关艺术的大量借鉴，对专业技术等各类经验的积累，又有短时间的思维突破与飞跃；既有长时间的思考又有瞬间的顿悟。

1. 灵感来源——素材

创意的灵感开发并非凭空想象，也不是单凭哪一个想法一蹴而就的，而是依据一定的事实基础和信息来源的整合。服装创意设计的灵感来源是素材，创意设计灵感阐发的途径便是寻找和收集各类素材，素材是服装创意灵感的原动力，也是设计师构思创作的源泉。设计师提炼发现素材，同时产生丰富的联想，在这个过程中灵感不断闪现，这种感知正是最宝贵的创新因子，引发出新的设计和语言形式。“任何一件原创的艺术表演类服装创意设计作品都能从中看到既定素材的影子，使我们能够追根溯源发现设计的本质，而不是表象”。创意类服装的设计，在于其内部隐喻或象征设计的理念，这种深层的内容需要通过素材的内涵而彰显出来，因此设计过程中不可缺少素材的引入。作为具有艺术内涵的创意作品来说，其依据的素材载体是原创的根本，是设计师拓宽设计思路的捷径，是获得设计灵感的来源和设计诱发与启迪的必要手段。

素材来源的渠道多种多样，不仅仅局限于传统意义上的图片，更多地包含所有的可利用的设计手段。设计师依据自己对素材的观察、想象、分析等，运用丰富的联想把素材的形态转化为有形的设计形式。作为设计师，观察事物的角度和方式应该是区别于常人的角度，看事物的方式决定了设计的方式。因此学会以设计师的眼光和身份来看待周围的一切事物，会发现万事万物无不充满着无穷无尽的灵感。

2. 寻找和收集素材

寻找和收集素材是服装创意设计灵感阐发的主要途径。寻找素材阶段不一定要找的是稀奇古怪的少见的素材，一些大家习以为常的传统或日常生活的素材都可以成为创作的依托，只不过，作为设计师可以反常规地去对熟知或不熟知的事物进行解读和深入，发现素材比什么都重要。法国设计师Jean Paul Gautier被称为“灵感的发动机”，前卫艺术、博物馆、文化、戏剧、朋克、杂货摊，从带有朋克的内心精神到超现实主义的立体派，再到传统文化，都是他灵感的来源。他说：“灵感，最初只是一颗令人兴奋的火花，是我将他变成一种语言，经过长期的摸索和构思，就形成一系列服装。”他的作品的前卫与多变，以及超时空的灵感想象力，为时尚界带来无限的创意与精彩的变幻世界。

生活中的素材多种多样，无论是瞬间的还是长久的，它都会使人浮想联翩，为设计师带来无穷的灵感。通常寻找和发现素材的标准第一是用心发现用眼观察，睁大眼睛看世间周围万事万物；第二是换个角度看世界，平常的事物换个角度或切入点观察；第三是把熟知的事物放大，用放大镜的镜头和视觉去观察事物。

概念主题确定好后，就开始从多方面去寻找素材，选择与此相关的素材为设计确定方向。如从2008年开始的黛安芬触动创意设计大赛每年都有一个醒目的主题，2008年的设计主题为“女性魅力”；2009年的设计主题为“Icons”(偶像)；2010年的设计主题为“Shape Sensation(曲线诱惑)；2011年全新设计主题为125 years of celebrating women(125年的性感历程)。从这些不同的主题可以看出，只有针对主题选择与主题相关的素材，如主题“125年的性感历程”，设计师首先可以选择与主题直接关联的因素，如历年有代表性的内衣款式、服装材质、结构等相关的历史素材，以此为设计主线；另外收集与传统内衣相关的元素作为辅助素材，如代表性的艺术作品和事件，代表性的设计作品、设计纹样、科技材料等，从而将不同的素材汇集成综合的主题元素，通过某一种主要素材形式形成125年的性感历程的主题概念，再用不同的历史元素进行补充，使设计概念丰富、鲜明、有内涵。确定素材的内容并为设计制定素材概念板。

素材能够直接反映出服装设计作品的内在本质，素材的特点也表现出创意服装的审美特性。如果抛弃素材一味地画款式结构，无异于依葫芦画瓢，捉襟见肘，不仅出不来丰富的创新形式，即使出来也会感觉平淡无奇，没有打动人心的原创力量和艺术文化内涵。

服装创意素材形式上大致可以分为两种类型：第一种类型是有形的素材，如自然界的山川、花草、动物等；人造的物体，如建筑、场景、生活用品等；社会文化生活的某个领域、某种现象、某种方面，如科技、文化、环保、日常用品等。第二种类型为无形的素材，如诗歌、绘画、音乐、电影等，这些无形而含有意境概念的素材，也是服装设计灵感来源的一部分。

1) 从自然生态中汲取灵感素材

自然素材历来是服装设计的一个重要素材，大自然的色彩、图案和造型频繁出现在设计师的作品中。纤巧美丽的自然花卉植物，造型纹样各异的动物，自然色彩(森林色、冰川色、泥土色、海滩色、天空色、稻草色等)等，近年来环保概念的风靡，更是加强了人与自然的联系，通过自然界各种生物或色彩、造型的启发，创意作品层出不穷。例如以各式各色的花卉元素为创意元素的设计作品从未淡出过时装舞台，反而呈现出不同时代不同风情的特点，不断出现的动物元素和图案也一样从始至终点燃着创作者们的热情。

自然界对英国服装设计师Alexander McQueen的影响力是最大的，也是最持久的，如图4-1所示。Alexander McQueen通过在作品中加入自然的形态或材料来分享并进一步呈现大自然本身。一向善于从自然题材中挖掘图案创作素材的Miuccia Prada的设计师继续延续其自然风格，如图4-2所示。以炽热的橘色、明丽的松石绿、耀眼的皇家制服蓝等一片高纯度展现自然环保一面，而卡通猴子香蕉印花图案则是此类创意的亮点。

图4-1　自然生态中汲取灵感素材　Alexander McQueen

图4-2　Miuccia Prada 2011年春夏作品

2) 从民族文化中汲取灵感素材

从丰富的民族传统文化中获取灵感素材，在前人累积的文化遗产和审美趣味中可以提取精华，使之变成符合现代审美要求的创作素材，这种方法在设计中举不胜举。对历史文化中的传统元素进行挖掘，分析这些传统元素的色彩构成、图形、工艺手段，继承并汲取精髓，借鉴、改良，将其作为灵感素材运用于设计。丰富的民族文化给予设计师很多灵感启迪，生活习俗、宗教信仰、审美意识、不同地域的民俗风情、代表性的民族服装造型、色彩、典型的图案、文化符号图形及代表性的民族工艺品、传统工艺等都给现代设计带来丰富的想象。同时传统的宗教文化、传统的民俗节日庆典、某一地域的传统风俗也给设计师提供很多灵感素材。民族文化孕育了大量的传统工艺和传统技能，包括来自欧洲、亚洲等诸多行业的传统技能，都给现代设计增添了很多想象的空间。从传统工艺中吸取大量艺术灵感，结合现代的设计理念，利用传统技艺展现出时尚新品。

时装界复古风潮或新古典主义等流行风潮，无非是从民族具有代表性的元素中引入现代的设计理念表达一种对传统的尊敬和赞美，倾诉一种设计新理念。无论是复古还是新古典，它不仅仅是传统文化的延续，还赋予传统文化新的阐释。

意大利品牌ETRO是新传统主义的代表，1981年诞生的ETRO 腰果花纹至今一直是ETRO每季新时装的主题，如图4-3所示。ETRO创始人Gimmo Etro热爱旅游，足迹遍及世界各地，对文化和历史充满兴趣，同时不断将来自西非、北非、美洲等多个古老部落的神秘图案与其最具特色的佩斯利花纹交织在一起，创作出千变万化的部落印花图案。ETRO的经典标识图案是ETRO腰果花纹（ETRO Paisley Print），这是Gimmo ETRO先生去印度旅行时获得灵感的东方元素花纹，将其改良更新，为这个古老纹样注入新的活力，使ETRO经典腰果花纹充满华贵韵味，如图4-4、图4-6所示。

图4－3　腰果花纹至今一直是ETRO 每季新时装的主题

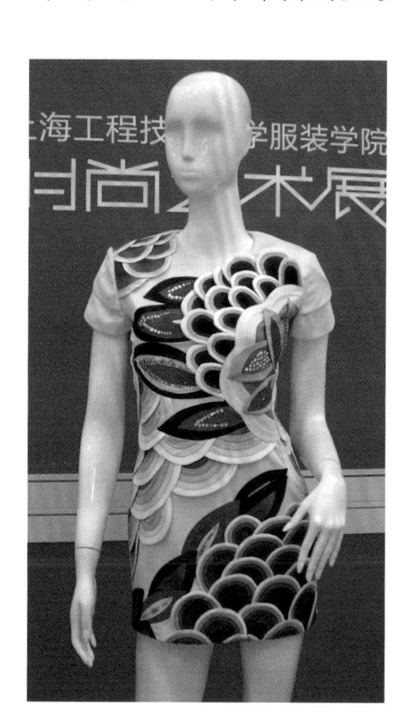

图4－4	图4－5	图4－6

图4－4　以民族传统图案纹样为主要表现灵感的创意设计作品

图4－5　以青花瓷为灵感来源的舞台创意时装

图4－6　以中国传统鱼鳞图案为灵感素材的创意作品

3) 从文化艺术中汲取灵感素材

音乐、绘画、舞蹈、电影等众多艺术门类有很多相通之处，它们也会给设计带来很多新的理念素材和表现形式素材。

"让艺术滋养设计"的口号相信会成为创意服装设计师们共同的心声，而艺术文化形式带给我们超前的理念和视觉经验正是时装设计最有益的补充，使我们的设计充满原始艺术的张力和激情，从而唤起人们对美的共鸣和欣赏。如科幻电影是现实与幻想融合的境地及电影服饰和影像所营造的情调都是设计师可以汲取的素材，此外，各种歌剧、戏剧华丽的场景也经常撞击着人们的视觉神经，带来更多的艺术与设计的碰撞，如图4-7～图4-10所示。

图4-7　意大利设计师范思哲1996年作品：用时尚的语言再现了波普艺术家罗伊·李奇登斯坦(Roy Lichtenstein)的著名画作——"Whaam"

图4-8 | 图4-9

图4-8　短裙的印花图案中可以清晰地看到绘画艺术对范思哲时装设计的影响

图4-9　这件大胆性感的作品表达了范思哲对波普艺术家安迪·沃霍的钦佩之情

图4-10　以“Chanel的诱惑”为主题的Chanel 2011年秋冬高级定制，灵感来自1927年的科幻启示录经典电影《Metropolis》

4) 从社会动向中汲取灵感素材

社会动向指的是社会文化新思潮、社会运动新动向、体育运动、流行新时尚及大型节日、庆典活动等，具体到一个新人物、新生活方式、新的场馆建筑等，这些因素都会在不同程度上传递一种时尚信息，为设计师提供创作素材，以此进一步地契合当代人们的审美需求。例如，近几年来受气候变化极不稳定的影响，时装界也开始出现“混搭”、“乱穿衣”的穿衣风潮，在设计理念上更推崇一种自由、混乱的设计效果，将一些看似完全不相干的材质、色彩不按常规地组合拼接在一起，制造一种迎合当下“混搭”的一种流行风潮，从而使作品呈现出一种强烈的流行烙印，掠夺着人们的眼球。又如社会热门的焦点问题，包括战争、生态环保等。

2008年奥运会在北京举行，其后续的奥运影响力一直影响着人们设计生活的方方面面，包括奥运场馆鸟巢和水立方等建筑外观引发了一系列服装造型创意的设计灵感。2010年上海世博会的城市主题及不同国家的世博馆的建筑，引发了一阵阵的设计热潮。捕捉新思潮、新动向、新观念、新时尚的变化，是创意类设计不可忽视的一环，作品只可超前而不可停留在过去，如图4-11所示。

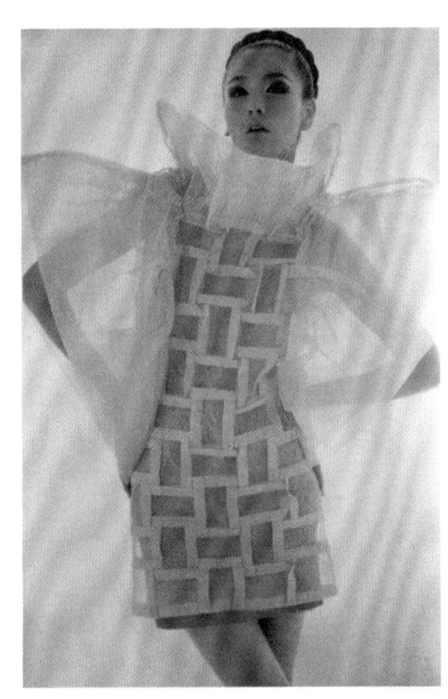

图4–11　从社会动向中汲取灵感素材的创意作品

5) 从科学技术中汲取灵感素材

越来越多的创意设计在视觉上呈现的未来感都依靠强大高端的现代科技。现代科学技术的发展带来创作材料及创作技法上的革新，材料、造型的支撑和成型等都依赖现代科技材料和技术的发展而产生一切可能。

科学技术的发展给我们带来新的科技手段、创作手段。生物科技、信息科技为主导的新时代的到来带来一切新的可能，也创造了服装的时尚。科技的革新带来思维理念的变化可以为设计师提供无限的创意概念素材，科技革命带来的新型材料、新兴技术可以作为设计师借助的灵感素材，设计师可以挖掘新材料、新工艺、新技术的表现效果，作为灵感素材运用于设计，产生多样的效果。科学技术的进步带动了新型纺织品材料的开发和加工技术的应用，开阔了设计师的思路，也给服装设计师带来了无限的创意空间及全新的设计理念。

科学技术的发展带来设计的创意主要表现在两个方面：其一，利用服装的形式表现科技进步、流行技术，即以科技成果为题材，反映新时代的设计理念；其二，利用科技手段表现高难度的设计效果，如数码印花、套色、渐变色套印等图形效果的呈现。如今材料创新是设计创意的一部分，尤其是利用新颖的高科技服装面料和加工技术打开新的设计思路是一种趋势。不同技术的发明都会带来一场设计的革新。如夜光面料、防紫外线纤维、温控纤维、绿色生态的彩棉布、胜似钢板的屏障薄绸等新产品的问世，都给服装设计师带来了更广阔的设计思路，如图4-12所示。

图4-12　具有未来感的创意设计Viktor & Rolf 2011年秋冬作品

6) 从日常生活中汲取灵感素材

日常生活的内容包罗万象，日常衣着、街头文化、时尚景观等生活中的点点滴滴；一个楼的外观造型、一个场景的局部、一种食物或道具、一道雨后的彩虹等都可能成为激发我们创作灵感的素材。设计师只有热爱生活、观察生活，才能及时捕捉到生活周围任何一个灵感的闪光点，进而使之形象化。如环绕在我们生活周围的层出不穷的建筑，从建筑的几何外观、建筑的造型、建筑的不同角度和某个局部造型结构、建筑的表层肌理等，学会欣赏学会观察体会，精彩的素材就是我们周遭的一切，每一个人都能成为最具创意的设计师，如图4-13所示。

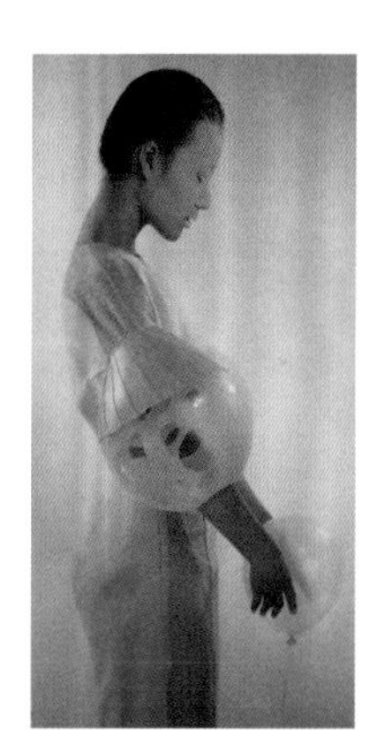

图4-13　日常生活中的道具、造型可以作为素材将其夸张地表现在服装创意设计中

7) 从目标品牌中汲取灵感素材

经典品牌的形象和符号已成为一种创意的资源，如图4-14所示。由于其艺术魅力和特有的风格，给设计师带来了很多灵感素材。许多典型设计要点，常常作为设计师可借鉴的素材。通过对这些目标品牌的重新演绎，延伸出更多具有创意性的设计产品。

看似毫不相干的事物将它们重组，为我们带来新的理念，点燃想象之火，吸引无限创意的灵感，从而达到了创意设计的目的。

图4-14　意大利品牌D&G时尚多变，为设计师带来无穷的灵感来源

以上列举的灵感来源素材是一种有形的可触摸的素材，是可视可触摸的生活中随处可见的。但是也有一些意象的素材，比如梦境、幻想等，它们抽象化地存在于人们的脑海中，由记忆、想象等虚幻的成分构成，需要我们运用有形的创造将其再现在设计作品中。超现实主义画家达利的作品多为梦境中的事物，艺术家需要幻想，设计师也同样如此。意象的素材富于幻想色彩，设计师可以凭借意象而自由发挥表现，在幻想中获得设计的创新，当然这一切还要取决于个人的设计经验，从意象中处理所需要的视觉形象，整合无序的意象素材，使其自然有规律地形成有用的素材，为创意服饰所用。

创作灵感来源于诸多的素材，素材的积累是灵感的动力源，也是创作主题确定的主要因素。设计师依据素材而提炼设计元素，从而进入设计程序之中，从素材到灵感的萌发，再跳跃升腾到创意设计，是设计师一种良好设计状态的渐进过程。因此在常规素材的前提下，设计师更要善于发掘丰富多样的不同素材，以此来开拓灵感。

二、服装创意设计的思维方式

服装创意的思维是感性的，也是理性的、复杂的创造性思维，具有非逻辑性、非程序性的特点。在服装创意思维的因素中，直觉、灵感、想象是最重要的思维因素，它们在创意中往往起突破性、主导性的作用，正是由于这些作用，服装创意思维才会呈现出多层次、多角度的特点。在服装创意思维过程中，创意火花的闪现都是多种因素同时或错综地起作用，既有建立在对比联想基础上的想象活动，也有灵感迸发的情趣激动和对问题获得深刻理解的直觉顿悟。

直觉是创意思维结构中最具活力、最富有创造性、最有发掘潜力的因素之一。直觉用来指遵循判断者没有意识到的前提或步骤进行的判断，特别是那些他所不能诉诸语言的判断。即使从一些毫不相关的事情中，也会获得莫大的启示，重要的是培养自己敏锐的直觉力。直觉在服装创意思维中，起到积极的重要作用。接受外界信息，用信息来驱动创意直觉，是每一位设计者都必需的职业要求。同时，每一位设计者都必须具备非常敏锐的观察力和敏感的直觉，这是长期的专业知识熏陶和设计经验的积累而形成的。有了这种直觉，就可以在收集和整理服装资料时，瞬间地捕捉到、感受到所需的服装资料和信息，引发强烈的兴趣和注意力，进而去关注、研究它。运用直觉思维因素，既可得到新的启示，又能拓展设计思路，在感受和吸收新的元素的前提下，创作出具有现代意识的作品来。

“人们不想看到衣服，他们希望看到的东西是想象力的燃烧”(Alexander Mcqueen)。想象是一个人创意思维的丰富性、主动性、生动性的综合反映，是一个人创造思维能力的主要表现。“想象力比知识更重要，因为知识是有限的，而想象却概括世界上的一切，推动着进步，并且是知识进化的源泉。”丰富而浪漫的想象力是创意思维不可或缺的主观条件。想象是一个不受时空限制、自由度大、富于联想与创意的思维形式。想象可以由外界激发、内心感受，也可以由自己选择的方式引起、产生。服装的创意需要想象，没有想象，就不会产生丰富的联想和创意。我们在创意服装构思过程中，常常是由既定的素材产生与素材相关的联想和遐想，由感性的思维因子带动内在的激情从而延伸出一连串的新的形式和内容。不经想象地再现现实生活中视觉形象的，并不是创意设计的追求。低层次表面地模仿素材的造型，是最初层次的创意，只有通过想象才能达到对素材本质的理解，提炼和概括素材从而达到形象的构思和再造。

设计作品的创意与价值是通过独特的视觉或独特的表现手法得以展现的，而设计过程中的“独辟蹊径”是与设计时的思维活动密不可分的。服装创意设计是创造性活动，设计师思维的活跃程度、灵活性直接影响到设计实践的结果。创意思维能力并不是完全与生俱来、没有任何规律可循的。事实证明，从事设计活动时的创造性思维能力的开拓，多种思维方式并不是孤立存在的，在设计实践过程中，可能需要同时综合运用几种思维方式，才能更好地实现设计创意、完成设计命题。针对设计命题的思考过程具有非常大的灵活性，切忌把设计思维方式孤立地、机械地套用。

创意是以新颖独特的方法解决问题的思维过程，设计思维是指构思的方式，是设计的突破口。创意与思维密不可分，思维是创意之母，创意是思维的结果。创意不同于一般的思维活动，它要求打破常规，将已有的知识轨迹进行改组或重建，创造出新的成果。创意的深度、广度、速度及成功的概率，在很大程度上决定于思维的方式。

服装创意设计是不断变化创新的，一件设计作品，在各个环节及整个创作过程都需要创意思维的导入。在设计初期阶段，需用创意思维去发现设计的突破口，对一幅图片、一个色调、一种肌理等的创新发现，发现可行的设计点以便在后续的过程中进行展开设计。在设计分析环节，需运用思维拓展方法进行横向或纵向的思考，借助相关信息对导入的概念进行展开分析。在设计的全面展开环节需运用正反思维和多向思维，多角度、全方位演绎设计。在设计的表现环节和最终整合环节，设计师需要运用创意思维表现前期的设计结果。在整个设计过程中创意思维贯穿在每一个环节中。作为设计师应该不断保持创新和活跃的思维方式，才能不断地获得灵感和开发创意，使自己的作品不断变化和创新。

1. 形象思维

创造性思维主要包括形象思维和抽象思维。形象思维又称具象思维，以具体形态或结构为重点，以“拷贝”、“模仿”的联想方式，把设计形态与具象形态结合起来，最大限度地再现灵感素材的本来形象特征，以此表现素材的具体形态。这种思维方式并不一味追求服装形态与素材的酷似，不是纯粹地照搬、写真似地设计。在服装设计中采用具象思维设计方法，能够较为直观地再现素材的本来面目，自然反映出某种素材与人之间的联系，创作出独特的服装设计，使服装与素材有机结合。形象思维是最基本的设计思维形式，也是最简单最直接最易把握的思维形式。创意服装设计中的形象思维是形象具体地表现服装和素材之间的联系，以服装为宗旨，根据主题选择素材并加以联想和再设计，以此完成作品。

形象思维可以采用局部形态相近或整体形态相近两种方法切入，来表现设计造型的特点。整体素材的具象思维设计，需要对素材形态进行一定的转化，而不是生搬硬套地把素材原封不动地体现在设计上，可以采用设计中的加减法，在原有素材大小不变的情况下，适当进行删减以确保素材真实，同时又体现设计的变化。

形象思维的灵感素材不仅可以选择最熟悉的自然形态动物、植物素材，同时也可以采用建筑、工业产品、传统器具等造型之物。通过观察思考、联想产生设计灵感，具体而形象地通过服装造型表现素材形态。形象思维如写实手法，强调真实形象地表现素材及所观察到的事物。以服装为载体，以人为本，在设计表现具体造型时要把控服装形态的效果，使素材与服装形态有机结合，使形象思维得到充分的体现，如图4-15所示。

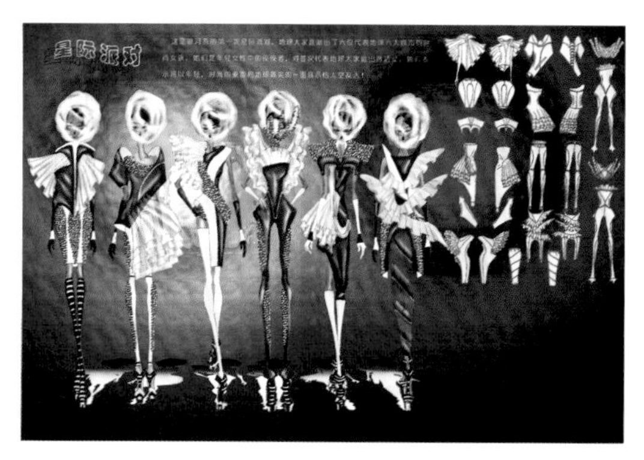

图4-15 以“形象思维”为设计思维特征的服装创意设计表达作品

2. 抽象思维

服装是艺术与技术相结合的产物，仅仅运用形象思维是不够的，形象思维是最基础的思维方式，重点是再现素材的表象。抽象思维的形成是人们通过体验和思考逐步表现出来的。如中国的象形文字“山”、“水”等，都是逐步地从具象的自然形态概括抽象出来的，是人类抽象思维典型的体现。抽象思维的设计需要提炼和挖掘素材的深层次表现力，在设计表现上不是再现素材的表象，而是浓缩素材的本质特征以服装形式语言再现其深刻内涵，以素材为灵感重组设计视觉语言而演变出的创新设计，将其简化或是变形为新的实体，神似而不是简单的形似。素材经过抽象思维想象提炼甚至转化成与其相关的新的形象，突出其重要的形象特质而忽略其真实形状时，即可认为它被“抽象化”了，也可称为“风格化”了。这种提炼是经过设计师的主观意识和作品需要进行的抽象思维设计，在作品中自然形成个性，而这种个性的抽象化设计必然形成设计作品的风格，因此，抽象思维的设计是高层次的设计思维拓展，是在形象思维基础上的一个飞跃，体现人类高层次的艺术创造力和对素材的创新。如一些艺术大师的作品，通过抽象化的表现，使作品具有强烈的符号艺术特征，作品风格独具特色。

创意服装所表现的是设计师的观念，突出个性化的风格，因此服装创意设计更注重使用抽象思维来表现作品，抽象思维能概括简洁地提炼素材的本质特征，表现素材的精神内涵，从形式上达到似与非似的突变创新。当我们根据素材进行联想创意时，首先要对原有素材的形象进行“破坏性”的拆解，只有变异才能达到抽象化的设计效果。这种“分解”和“变异”再到“重组”都是抽象思维的体现。同时抽象思维作为服装创意重要的思维方式得到应有的训练。引导学生从各自不同角度寻求解决问题的思路与方法，依靠自己的独立感受、独立思考、多思多练，形成一种习惯性行为；或者引导学生提出问题，共商解决办法。只有形成了创意习惯，才能达到创意如泉涌的境界。同时要善于运用多方位思维方式，不拘泥于一个方向和一种模式，而是多方位多角度，突破原有的框架和限制，以一种抽象的概括的思维来思考问题，通过直觉、想象思维方法，对素材进行有效的“肢解”，激发创意灵感，不断地创造出新作品。

2008年Chanel“贝壳”为主题的高级时装系列以贝壳这种形状特殊的物体为灵感，利用高级时装无与伦比的手工艺让时装尽量模拟原物的形状、纹路、色彩，甚至质感，但又是区别于原物形态的提炼化的设计，如图4-16所示。而之后一季的高级时装系列灵感来自管风琴，如图4-17所示。本系列时装切实可见的管风琴元素，是短裙腰部的竖排密褶，以及长裙上由薄纱卷成的空心细管，此外软呢套装的羊腿袖、长裙的保龄球轮廓都无一不呼应着铜管的曲线。人们会欣赏时装背后的管风琴、贝壳灵感，但绝对不会希望穿得像根管风琴或像只贝壳。因此主题应由浅入深地演绎，向抽象发展，而不是拘泥于表面。

图4-16 Chanel的“贝壳”主题

图4-17 Chanel 风琴鸣奏曲

抽象思维具体又可以分为以下几种：发散思维与收敛思维、横向思维与纵向思维、逆向思维。作为不断变化不断创新的服装创意设计，经常是将各种思维形式交叉，并协同产生前所未有的独特思维成果的综合性思维。运用多角度多方位的思维方式，而不拘泥于单一的方向和单一的模式。

(1) 发散思维与收敛思维。

发散思维又叫辐射思维、求异思维。发散思维与收敛思维是抽象思维的基础之一，其中发散思维是抽象思维的典型思维方式，有心理学家称其为探险思维，也有人称它为“创造力的温床”。尤其是在构思之始，它往往起主导作用。所以，发散思维几乎可以与创造并称，没有发散思维，也就没有创意。思维的发散性指以设计命题为出发点，跳跃性地衍生出多个信息点的思维方式。发散思维不受任何框架的限制，能突破已知领域，充分发挥探索性和想象力，以一个所要解决的问题为中心，从一个点向四面八方想开去，用推测、想象、假设的思维过程，提出解决问题的方案；然后再把元素重新组合，从而创造出更多、更新的设想或方案。培养发散性思维能力，在设计过程中做到由点及面、举一反三，才能开阔设计思路，使灵感喷发，创造性地演绎设计命题。如在服装创意构思中，将思维发散出去，从题材创意中，可以想象有自然题材、民俗传统题材、音乐绘画题材、高科技题材等。

收敛思维又叫聚向思维、集中思维。收敛思维指将与设计命题相关的众多信息综合到一起，使其合成为一个更新的、完整统一的设计的思维方式；是从已给的大量信息中搜索、寻找、汇总或推断出一个正确的答案或最优的方案的收敛式思维方式。这种思维就像聚光灯一样，集中指向一个焦点，即“综合”的能力，综合指把分析过的对象或现象的各个部分、各个属性联合成一个统一的整体。不同文化特征与不同内涵的元素经过设计师巧妙地综合形成一个无懈可击的完美整体。如中华民族的图腾——龙的造型就是将鱼的鳞片、鹿的角、鹰的爪、牛的眼睛、蛇的躯干等诸多动物形象的典型结构综合而成的。在服装发展史上，很多种类服装的出现都具有聚向思维设计的特征，如海军帽的造型是传统的帽子与固定帽子的绳带综合在一起而产生的；连帽风衣是将防风、防雨的帽子与衣服连接成一个整体而形成的；背带裤是综合了长裤与挂于胸前的围裙的两种结构而出现的。

创意思维的结果，往往是发散思维与收敛思维共同作用的结果。发散思维延伸开去，通过无拘无束的想象力、直觉、灵感获得创作联想。而收敛思维则以中心为轴聚焦设计点，通过基本的审美能力、设计经验及设计语言的组织能力与表现能力获得创作方案。只有通过发散思维，才能在服装设计中开阔思路，拓展视野，从而构思设计出多种新设想、新结构、新款式。同时在得到众多设计灵感之后，要分析、提炼、汇总，并运用收敛思维找到最佳的解决方案。

(2) 横向思维与纵向思维。

横向思维是一种横向拓展、同时性的横向比较思维，它是从不同侧面去认识、分析事物，探寻各种不同的答案，或研究某一事物与其他事物之间相互关系的特点的思维过程。在分析研究事物的基础上，通过多方位、多角度、多方向性的比较研究，通过事物的内在联系和关系，有效地解决问题。作为具有很强的时代特征的服装设计，同一个时期的相关领域之间的横向比较、研究是设计能够科学有效地开展的重要保证。还有除了本专业领域的知识储备外，历史、地理、绘画、音乐及其他与设计门类相关的专业知识也是服装创意设计横向思维的一个重要体现，不同艺术门类的成果交叉，互为借鉴，由此衍生出丰富多变的原创性作品。以广博的知识储备、开阔的专业视野开展专业设计实践，是横向思维拓宽设计思路获得创作灵感的基础。如服装和建筑之间的联系，服装和音乐、服装与电影及服装和绘画等一切相关艺术元素的相互融合，都可以达到横向思维广度的延伸。

横向思维侧重于理念的广度方面，而纵向思维则侧重于理念的深度方面。纵向思维是一种以事物的产生、发展为线索的思维过程，它是一种历史性的比较思维。通过比较事物的过去、现在、未来，使我们能够科学地认识事物发展的客观规律，同时，也揭示对事物发展认识的反复性和复杂性。同领域的不同历史时期的纵向比较研究也是在专业设计实践中运用得非常广泛的方法。

在服装创意设计的过程中，要善于同时运用纵向思维与横向思维，两种思维的结合使设计更具有独创性和感染力。它们互相交织、相互渗透，这样的创意思维不仅具有深度，而且具有广度，不仅使人的思维更加精细，而且更加敏锐和生动。

(3) 逆向思维方式

逆向思维是指面对设计命题，并不是顺从命题的常规思路向前发展设计构思，而是改变固有的思维模式。针对设计命题的思考方向转向与设计相关、甚至与设计无关的事物上，从全新的视角出发考虑、分析命题，从相反的、对立的方向进行分析推导，从而出奇制胜，最终提出全新的、非常规的解决方案，创造性地解决问题。不针锋相对地直指命题，而是运用迂回的方法，轻松而巧妙地完成命题要求，最终反而能够更理想地达到设计目的。这是一种反常规的思维方式，是在设计中广泛运用的、有效的设计变通的方法，最能体现服装创意的特征和本质。“障碍在于已知”，习惯性思维的消极性就在于思路固

定、狭窄，缺乏创新。服装创意设计讲求创新，为了达到创新目的，应该善于舍弃原有固定的模式方法，突破既成观念，独辟蹊径而获得形式上的独创性。

服装创意设计求新求变，逆向思维方式创作的设计作品往往会因为它的“非常规”而获得出人意料的创意效果，达到真正意义上的独特和个性。在设计的过程中，设计师经常容易陷入既定的思维定式，苦恼于思路难以突破传统的模式。逆向思维方式则为设计师提供了一条全新的思路，当设计师把注意力从设计命题的具体限定移开，而投向与命题相关或其他事物时，会豁然开朗，获得真正意义上的创意。在服装创意设计中，用逆向思维方法进行设计构思，可以产生许多出奇制胜、新颖别致的设计。

三、服装创意设计灵感捕捉案例分析

不断捕捉灵感推出新的创意思路是创意设计最重要的环节。灵感的产生或出现，都是成功者对需要解决的问题执著地思索和追求的结果。捕捉灵感是每一位设计者为之追求的目标。作为成熟的设计师在设计作品时会想尽办法去寻找灵感，让自己的每一件时装作品中都闪烁着灵感的光芒。

从灵感到作品其实就是从素材到创意的过程，素材经过收集和重组再进一步转化成设计元素，最后生动并巧妙地运用在服装创意中。而其中灵感的捕捉尤为重要。每一次的素材寓意的理解与创作激情的完美结合，来源于设计师对素材的深度挖掘和理解，如果缺乏对素材的领悟和提炼的能力，即使好的素材也只能停留在原始阶段，一点价值都没有。因此，无论是具象的素材还是抽象的素材，设计师必须以设计师的眼光，从不常规的角度切入，凭借对事物敏锐的洞察力，运用联想和想象的思维，具有对素材发现、概括、提炼、归纳、组合等艺术处理的能力，从中提炼出有形的设计元素，将其巧妙地运用到服装创意之中，创作出美的形象和美的形式。

领悟和提炼素材阶段提倡从不同角度观察事物，一个简单的方法就是尝试不同的尺寸比例或换一个角度方位。常规的图片只攫取局部，再将局部放大，就会得到不同的新的图片形式，而变得新颖，成为设计创作的灵感素材。一张常规方位的图片将其倒转或换个方向，可能就会得到新的图形形象。

如经常提到的中国元素在创意服装中的运用，同样的一个文化素材，由于每位设计师面对中国文化所选择的角度与运用的设计语言完全不同，在他们天马行空的创意服装作品中找不到丝毫的重复与雷同。在这些才华横溢的作品中，中国设计元素只是作为服装的一个创意点出现，最终的设计并不仅仅是设计灵感来源的简单展现，而是每位服装设计师对灵感素材的捕捉和不同层次的体现。

这里灵感的捕捉案例以不同的设计作品为例讲述灵感捕捉的重要性及如何将灵感恰当地转化成设计，使作品保持高度的艺术审美感和独创性，并通过实际设计稿的训练讲述如何将设计灵感转化成设计语言，深化灵感和运用灵感。

设计案例一

1. 从材料创意入手

大自然的风光所产生的各种有趣的自然面貌带给人类许多的创作冲动，光影交错的、斑驳富有层次的、颜色各异的素材图片可以帮助我们从最直接的材料创意入手，用服装的材质来模仿素材图片的质感、肌理及色泽，这是一个取之不尽用之不竭的创作源泉，如图4-18所示。

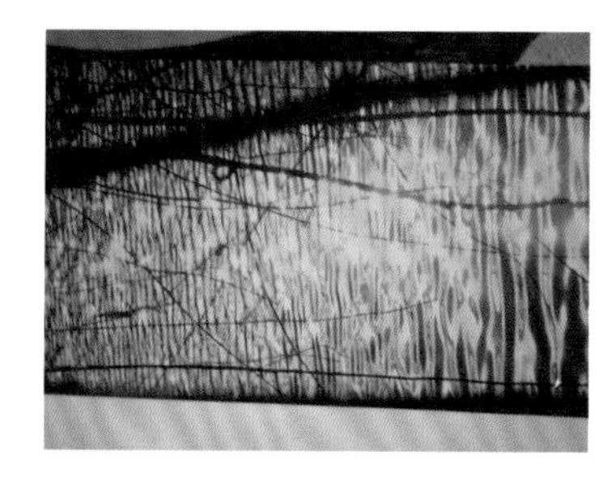

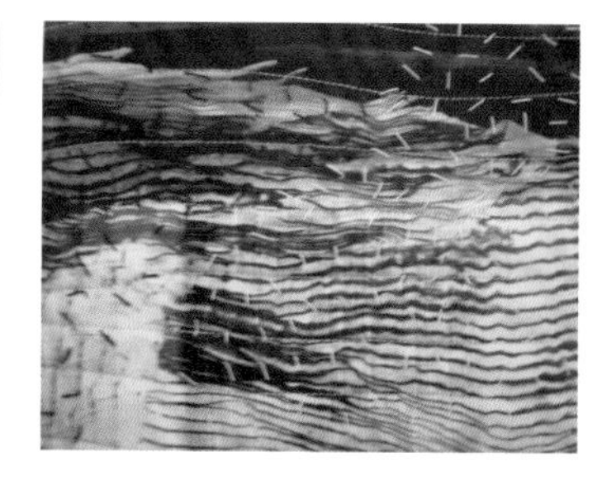

图4-18　灵感来自图片素材的面料创意

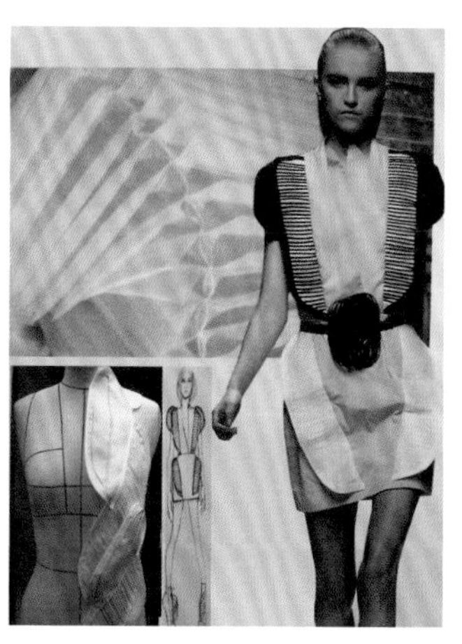

图4-19　灵感来自图片的材质创意

素材来自拍摄的自然风光，大自然的水产生一种肌理的艺术视觉效果，与光的斑驳刚柔并济。灵感的捕捉从最原始图片素材的纹理和最初给人的视觉印象出发，并从材料创意入手，创造一种自然的和素材神似的面料肌理，如图4-19所示。

图4-20　日本设计师川久保玲(Comme des Garcons)作品

图4-19中脸上的纹路及模拟肌肉条纹的线条给设计师带来无穷的灵感，运用轻薄或奢华的面料将这种纹路和线条通过服装材质的肌理表现出来，于是达到了意想不到的效果。

具有解构风格的外套设计手法上采用黑、米黄两种不同颜色和面料质地拼接，充满诡异和现代感的设计风格灵感来自平面插图。其在想象力上把平面的色彩差异和情调通过面料的不同拼接准确地转换过来，如图4-20所示。

具有现代感和建筑立体感的成衣设计灵感来自具有戏剧历史感的欧洲盔甲的造型，无论是材质肌理模仿还是色彩的情调都显示出素材灵感对设计创意的深刻影响，如图4-21所示。

图4-21　Balenciaga作品发布

2. 从自然的色彩和肌理出发

已故英国设计师McQueen是典型的浪漫自然主义的代表，如图4-22所示。“我一直很热爱大自然的肌理，我的作品也常常从中获得或多或少的启发”。自然界对McQueen

的影响力是最大的，也是最持久的。许多浪漫主义艺术家以呈现大自然本身的原始之美作为艺术工作，McQueen则通过在作品中加入自然的形态或材料来分享并进一步发扬这种观点。

图4-22 McQueen不同时期的作品

McQueen的大多数作品的灵感都来自大自然，其作品极大限度地模拟自然生物的造型及肌理、色彩的表达，创作出令人惊讶的视觉美，如图4-23所示。

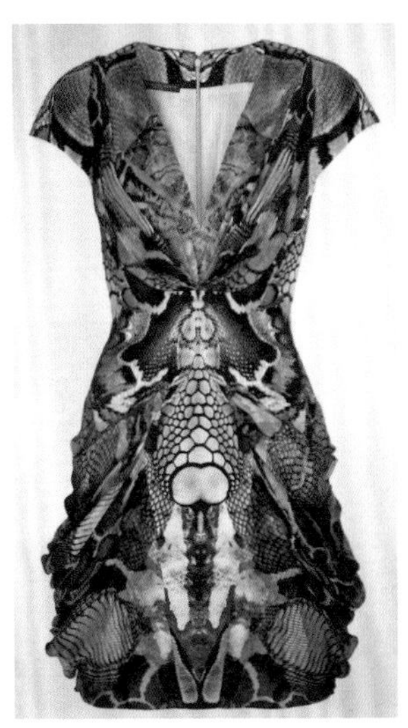

图4—23 McQueen 2010年春夏作品

2010年春夏女装主题为海底幻彩霓光。让人眼花缭乱的2010年春夏“柏拉图的亚特兰蒂斯”系列中，自然界的崇高被互联网制造的极端时空压缩技术所比较和取代。这是一种崇高而强大的召唤，和极致的后现代浪漫主义表达，同时也是McQueen对未来时尚广阔想象力的视觉传达。从神秘海洋获取灵感，将缤纷的色彩惊艳地展现出来。数码印制爬行动物图案的短裙，像是上古海洋怪物的装甲头部般奇形怪状的鞋子。McQueen的逻辑是为未来生态毁坏的世界末日试镜：人类由海洋生物进化而来，由于冰盖融化，我们可能回到水下的未来。用时尚的语言诠释，我们看到McQueen贯穿始终的主旨被精炼到短裙设计之中——精心处理的海洋爬行动物印花，以及卡紧腰线、钟形花朵裙的轮廓。

设计案例二

1. 从素材形象入手——灵感来源的形象提取

日本设计师高田贤三(KENZO)的作品以其特有的东方韵味的装饰感在时尚界独树一帜，他像一块“艺术的海绵”，汲取大自然花卉的素材，然后通过他天才的联想与现代时尚充分融汇，幻化出他充满乐趣和春天气息的五彩图案印花。高纯度印花图案的开发和运用，以及多色彩自由配组的方式是高田贤三独具的特色，就像雷诺阿(Renior)的画一样，只有快乐的色彩和浪漫的想象。“时装不是那种标新立异的拔高，它有一点点传统，有许多热情的颜色，有活生生的图案，还有几分狂野”。每一季，高田贤三的创意都来自于大自然的花卉，并经其特有的构思和编排，创作出令人耳目一新的时尚作品，如图4-24所示。

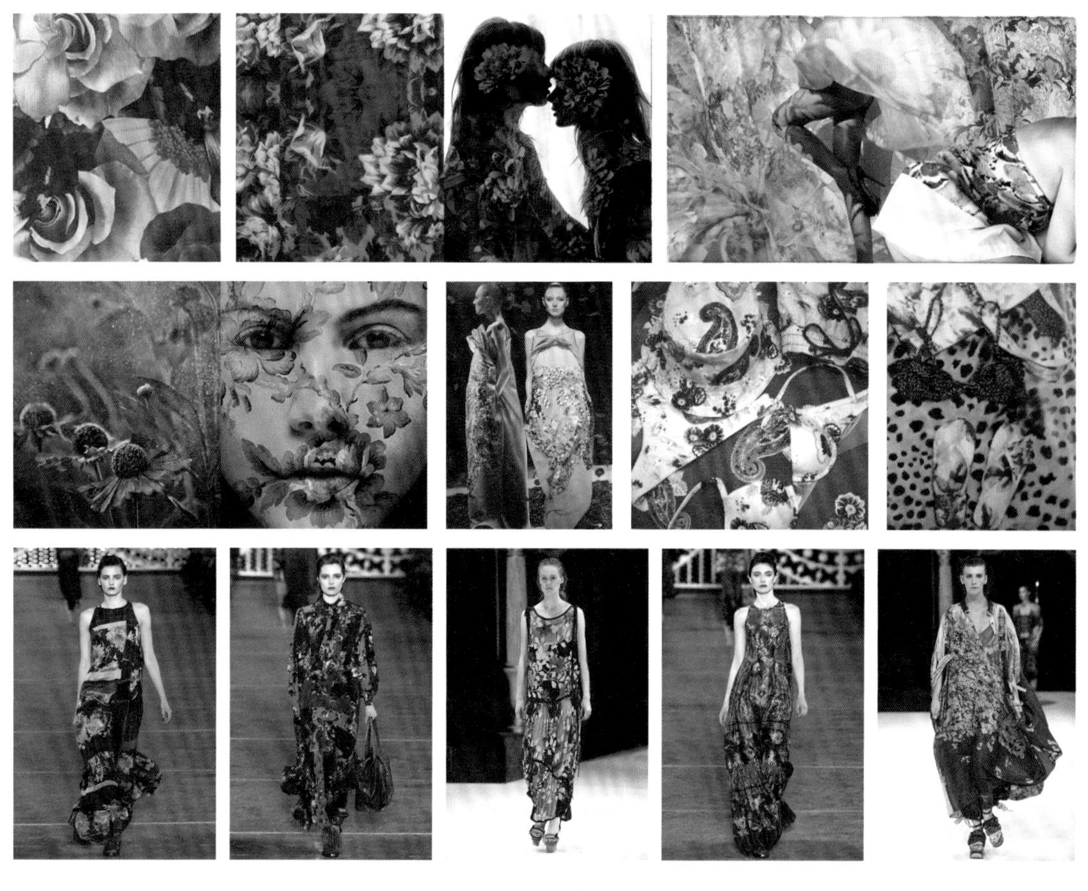

图4-24 高田贤三每一季相同素材不同创意的“花花世界”

2. 从素材元素入手——装饰元素的提取

日本设计师津森千里的设计灵感来自奥地利画家居斯塔夫·克里姆特的装饰绘画作品，如图4-25所示。

图4-25 灵感来自装饰绘画的创意作品

津森千里 (Tsumori Chisato)的设计以标志性的星星、月亮、太阳、花朵、跳舞的小女孩、美人鱼插画图案为时尚界所熟知，并以少女般天真而梦幻的风格在日本年轻人心中获得了流行教母的头衔。津森千里的设计思路来自于传统的日本和服文化，和服上的印花和颜色的搭配成了她设计灵感的源泉。从小喜欢绘画的津森千里总是喜欢将梦幻感的设计元素注入自己的设计里。从图4-25所示的设计中就可看出设计师对艺术素材非常熟练且个性化地表达，其灵感来自奥地利画家居斯塔夫·克里姆特的带有东方情调的装饰绘画作品。居斯塔夫·克里姆特带有浓郁的东方装饰风味、大胆而自由的富有东方色彩和神秘意境的平面的装饰纹样和图形给了许多设计师丰富的灵感，津森千里也不例外。衣服上的模拟装饰画图形的图案与细腻的手工刺绣是作品的中心。可爱膨胀的袖子，看似一点线条也没有的高腰洋装，因为使用轻柔的丝与雪纺，使人立刻可以见到梦幻少女其实已经有了成熟女人的曲线，随着裙子而移动摆扭。层次分明的手工图案，加上柔和的色调和独特的印花布料和雪纺飘逸材质，再加上细腻的剪裁，使整个作品流露出其一如既往的梦幻特质。

如图4-26、图4-27所示，充满创意的涂鸦设计灵感来自流行时尚的插画，素材的形象元素巧妙而生动地通过服装图案的设计语言和时装设计有效地结合，创造出一种有趣的生活印象。

图4-26

图4-27

图4-26　英国设计师Vivienne Westwood充满创意涂鸦的作品灵感来自涂鸦插画

图4-27　灵感来自插画的时装作品

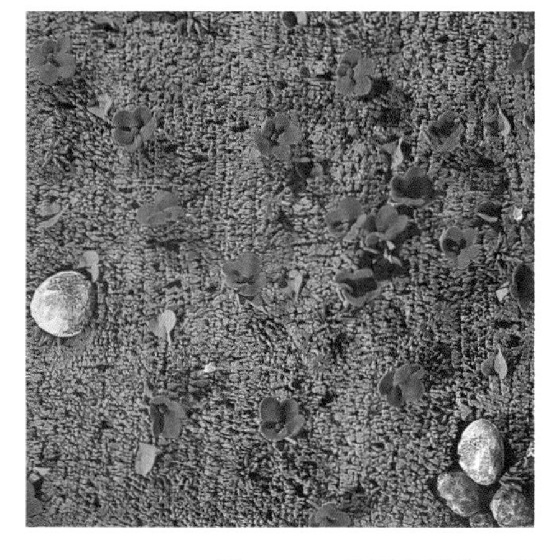

图4—28　以图片形象素材为灵感的高级成衣作品

如图4-28所示，自然界的花草图片素材给热爱生活热爱自然的设计师很多灵感，这里的图案创意通过服装图案特有的花草枝叶的转换将图片素材的色彩调性和基本的造型元素都应用上了。

设计案例三

从素材意境入手——整体氛围意境元素的提取

电影作为一门艺术常常能给设计师以视觉上的启发，不管是电影中的服装、道具、人物造型还是电影本身所具有的氛围和情境都能给我们以丰富的灵感。作品“阿黛拉的非凡冒险”的灵感来自电影“阿黛拉的非凡冒险”，如图4-29所示。无疑电影所营造的东方的色彩和神秘古朴的东方异域情调给了设计师足够的想象。将这种想象以具体的设计语言诠释出来，如从色彩上提取灵感元素，化妆造型及局部服装造型上加入东方的造型元素，融合现代时尚的流行理念，使作品达到神似灵感素材的境界而不拘泥于素材表面所带来的浅层意味。

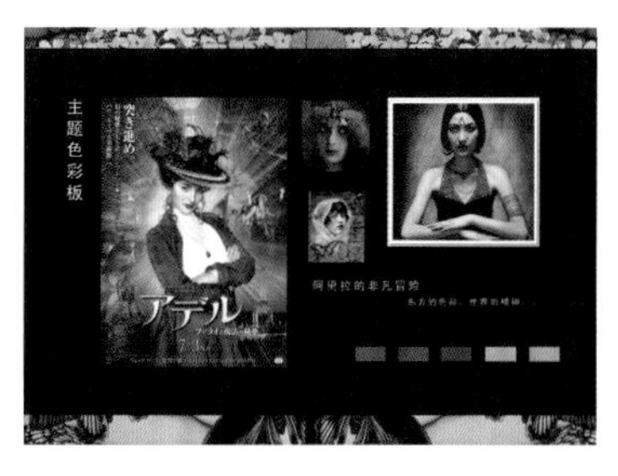

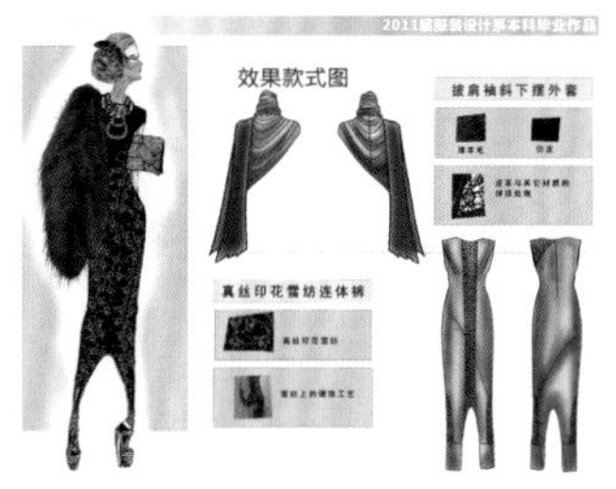

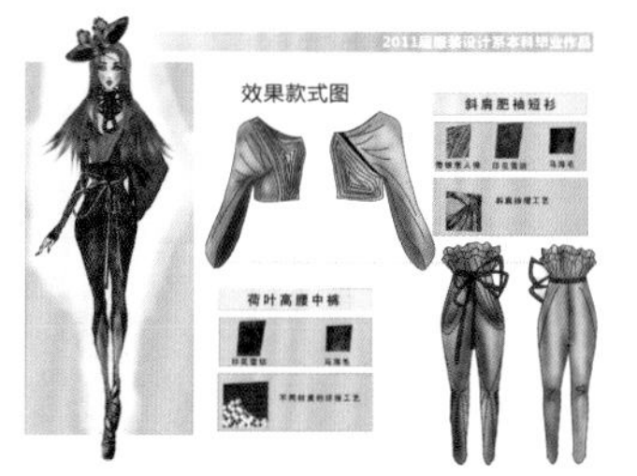

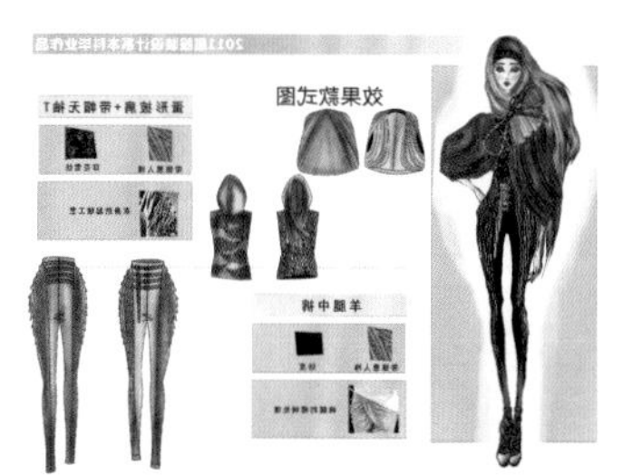

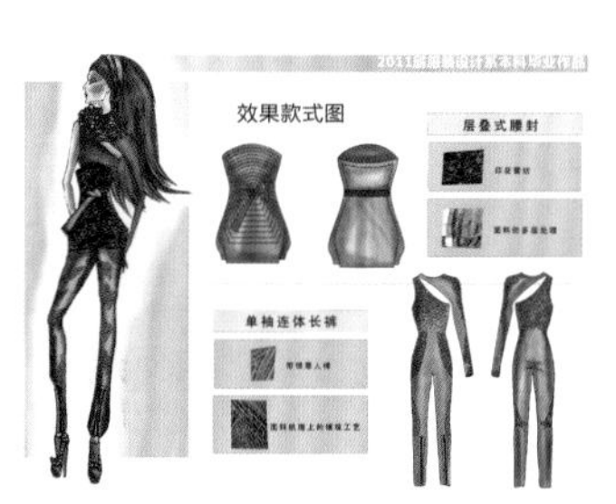

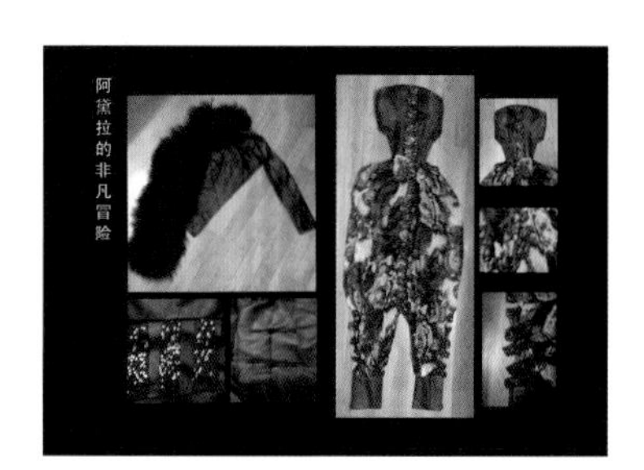

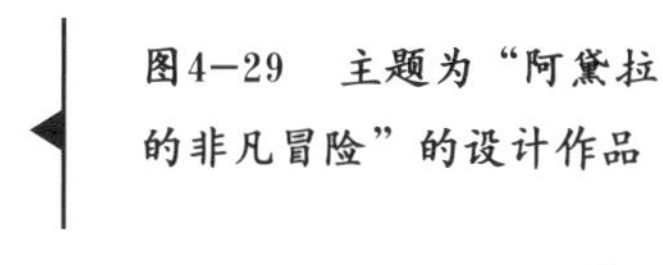

图4—29　主题为“阿黛拉的非凡冒险”的设计作品

思考题与训练

1. 服装创意设计灵感阐发的途径是什么？素材收集的渠道有哪些？作为设计师应该如何培养和训练自身对素材的把握和利用？

2. 服装创意设计的思维方式有哪些？其作用在创作过程中如何具体体现？在设计创作过程中如何加强训练自己的创意思维？

3. 服装创意设计灵感的捕捉可以从哪些方面入手？

4. 从自然生态中汲取灵感素材，收集素材，并运用抽象思维方式，完成灵感到创意的实现，进而设计一个系列创意服装(男装、女装不限)。要求：作品能鲜明地挖掘灵感素材的本质特征，并体现灵感素材的特征，而设计作品应富有原创性。

第五章 服装创意设计能力的培养

【教学目标】

通过本章的学习，使学生掌握创新素质、创新能力培养的方法和手段，建立学生主动观察和勇于创新的学习兴趣，为将来的创作历程奠定基础。

【教学要求】

(1) 了解从事服装创意设计活动应具备的能力。

(2) 掌握创新能力培养的方法和要求。

(3) 明确该章学习的重要性。

【知识要点】

(1) 创新素质和创造能力的培养。

(2) 创造能力培养的基本方法。

(3) 服装专业文化素养的提升。

服装设计艺术作为造型艺术和科学技术相结合的一门新学科，是社会文化和现代艺术的重要组成部分，体现着人类对精神与物质、文化与科技、审美与实用的理解和应用，体现了社会的精神文明和时尚文化的艺术价值，它通过特有的方式折射出人类的精神形态和心理需求，同时也传达着设计师的创新理念。设计师的综合素质是能够实现服装创意设计作品价值的关键。现代服装业在创新的驱动下高速发展，产品生命周期和时尚更替周期越来越缩短，对服装设计师提出了更高的要求。服装设计师不仅要具备良好的基本素质(文化底蕴、科技素养、审美品位、专业技术)，而且要有创新精神和创造能力，并能对服装流行与时尚市场作出快速的反应，对创新做到准确地把握。

如何才能有效地培养出适应时代发展的高素质创新性服装设计人才，是当今服装设计教育正在努力探索的问题，这也是本章重点讨论的问题。从新的教育观念和教育形式入手，以创新素养和创造能力为主线，培养具有深厚文化底蕴、较高的科技素养、高尚的审美品位和较强的技术能力的高素质服装设计师才是创新能力培养的根本。培养服装创意设计能力所包括的方面如图5-1所示。

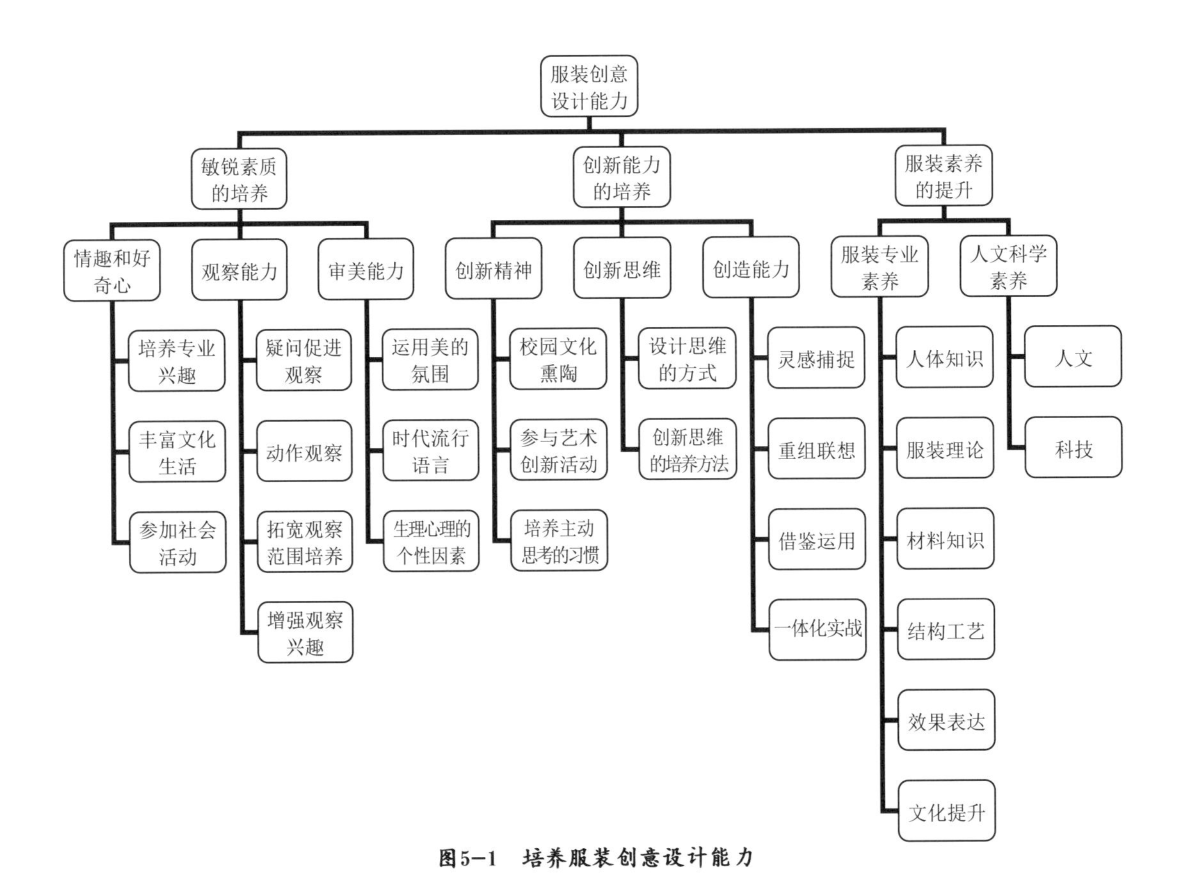

图5-1　培养服装创意设计能力

一、服装设计师敏锐素质的培养

服装设计是一门艺术，也一门前沿学科。服装创意设计融造型艺术和科学技术为一体，体现了广泛的设计内容和独特的表现形式，以及前卫的设计构思和创新的艺术题材。作为一名引领时尚的服装设计师，具有专业兴趣、敏锐的观察力、审美能力等基本素养，是进行服装创新设计的基础。现代服装教学应该把具有创新素质人才的培养作为重任，建立更适合此类人才培养的新课程体系和新教学方法，重视敏锐素质的培养，围绕学生的兴趣、好奇心、观察力、审美能力等方面进行。

1. 情趣与好奇心的培养

兴趣是成就事业的起点。兴趣会转变为人的志趣，从而立志为奋斗的方向；兴趣会产生人们对事物积极主动探索的内驱力，产生对感兴趣事物的密切关注、反复琢磨和刻苦努力的行动。因此，在学生的创造性活动与成才过程中起着重要的作用。培养学生对学习服装设计的兴趣和对事物的好奇心是首先要解决的问题，应该从以下几个方面进行。

(1) 加强服装文化方向的引导，培养服装专业的兴趣、爱好和强烈的好奇心。

兴趣是学生进行创造性活动的起点，是挖掘创造性活动的动力，兴趣是构成学习的最具实际意义的心理因素。现实中成就事业者多数是从兴趣和爱好发展起来的，加里阿诺就是这样一位从对服装设计的兴趣和热爱走向成功的设计师。在少儿时期他就在母亲的影响下，着迷于服装设计，头脑里充满着对其狂热的好奇和兴趣，进而转换为他的努力钻研和大胆创新。正是这种浓厚的兴趣，加上善于思索的头脑和勇于创新的思维，使他成为近代世界著名的服装设计大师，如图5-2所示。现在服装院校的学生对自己的兴趣方向不够明确，教师的对学生专业兴趣引导至关重要，在课程中利用情趣意识挖掘学生的好奇心，并在课题完成时给予鼓励和肯定，是培养学生专业兴趣的关键。

图5–2　约翰·加利亚诺(John Galliano)，1984年毕业于英国圣马丁艺术学院。曾是法国著名服装品牌克里斯汀·迪奥公司首席设计师

(2) 丰富业余文化生活，从更多的领域中获得知识，加强专业素质培养。

服装专业是时尚文化的综合体，涉及不同的文化种类，单纯的课程和书本知识是不能完善服装文化的，丰富的业余文化生活是服装文化知识结构的聚集和汇总。首先要了解文化生活的多样性，涉及不同的领域，如政治、文学、历史、艺术甚至于一幅画一首曲目等，从心理到感官引起自己感情上的共鸣，对作品本身的艺术价值有所领略，理解作品的深刻内涵，进行理性的思考，获得完美的艺术享受。当然信息化的今天获取丰富的业余文化的途径很多，从社会到校园、从网络到多媒体、从时尚到市场等，各个领域都能丰富学生平时业余文化生活的各方面知识的学习，因为这些知识可帮助了解和探索艺术的丰富表现力，在引导兴趣和挖掘好奇心方面历来都发挥着巨大的作用。

(3) 鼓励学生参加专业论坛和专业比赛，积极参加社会、集体活动。

社会集体活动是人类交流和学习的最好媒介，每个人都不可能孤立存在，只有参与到集体活动中才会给自己的发展和进步提供良好的氛围，才能不断增加兴趣的参考依据和不断强化专业的提升空间，使自我能力得到肯定，是情趣和好奇心的培养的有力保证。如每年的服装设计大赛都鼓励学生参加，在完成比赛作品的过程中，既提高了学生专业技术能力，又了解了同行之间的能力差距，更重要的是提高了学生们学习服装设计的情趣和爱好，成为专业方向发展的动力，为自己的成才奠定了基础。多届服装大赛和服装专业论坛的成功案例成就了很多著名的服装设计师，如图5-3、图5-4所示。

2. 观察能力的培养

观察能力是认识事物和能动地获取知识的过程中所具备的基本能力。在创新设计的过程中培养观察能力，是能力培养任务中的重要环节。能动地运用观察能力，通过平时的观察积累，获取丰富的感知材料，并对这些材料进行分析和整理，才能加深对事物的理解，得到理性的专业认识，为完成创新设计奠定基础。在培养观察能力的环节中总结出了以下几点。

(1) 运用疑问促进观察的方式，培养学生主动观察的能力。

在具体的教学中，通过设计案例，提出作品主题来源、设计形式、元素应用等问题，让学生自觉地投入观察训练。从自然界、宏观世界、微观世界、人文历史等不同的空间进行观察和思维联想，并提示学生观察什么和怎样观察，最后运用观察和联想的结果完成设计主题的疑问，如图5-5、图5-6所示。这说明观察是一种有目的、有明确意识的思维活动，在思维启示的督促下进行，根据思维内容的设问、质疑，完成观察前的思考和观察中的取向及观察后重点的取舍。

图5-3 | 图5-4

图5-3 服装设计师李迎军，兄弟杯的金奖获得者，这次比赛为他未来的成就奠定了基础

图5-4 著名服装设计师凌雅丽，早期在兄弟杯的获奖作品《豆》

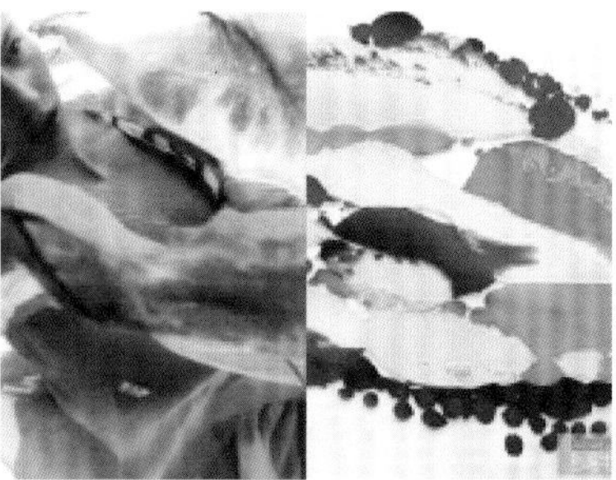

图5-5
图5-6

图5-5 大自然的捕捉

图5-6 宏观、微观世界的启示

(2) 重视示范性的实验演示，培养学生动作观察能力。

立体裁剪技能操作演示是动作观察能力的典型范例，当然技能演示除了完成知识讲授和技能培养的教学目的之外，还应保证正确的实验操作流程和技能演示方法，才能达到准确的实验结果。注重在演示过程中激发观察者的兴趣，采取一定的手段和技术方法，使被观察的事物和现象目的鲜明、流程清晰、重点突出，着重挖掘学生在观察能力训练过程中的积极性、能动性和持久性，如图5-7、图5-8所示。

图5-7 | 图5-8

图5-7　立体裁剪设计作品

图5-8　立体裁剪的效果

(3) 拓宽学生观察的范围，培养广泛、即时的观察习惯。

一个人不可能走遍世界的每一个角落，但可以借助媒体、视频、影像、网络、杂志等手段创造多种观察机会，接触多种观察现象和情境，参与相关专业展览展示活动。设计师以专业的需要去留心和关注存在各个角落、普通人所不注意的事物，养成带着问题随时进行深入观察的习惯，从中发现与服装专业有关因素，为自己的创意所用。

(4) 培养学生观察能力时，还要注意强化观察兴趣。观察力的形成主要来源于浓厚的兴趣。这就要求教师要抓住学生的兴趣点，对观察的结果给予肯定和鼓励，增强学生的信心和积极性。强化观察兴趣是提高观察效率的有效途径。

3. 审美能力的培养

审美能力主要指个人的审美感受能力、审美想象能力、审美鉴赏能力、审美理解能力，它是受个人心理素质的制约，并受时代、国别、阅历、社会地位、环境等条件影响。审美能力的获得和全面发挥，则主要是后天审美实践和审美教育培养、锻炼的结果。培养设计师的审美能力和对美的事物的爱好和兴趣是时代要求的首要任务。

(1) 营造美的氛围，培养学生审美感受能力和审美鉴赏能力。

审美感受能力是审美活动的出发点，审美鉴赏能力指的是对美的事物的鉴别、鉴赏的能力。要培养学生的审美感受和鉴赏能力，首先要让学生能对美有认识能力和感受能力。创造具有美学因素的校园环境，如图5-9所示，接触唯美物化的城市环境，如图5-10所示，身处人为美化的市场街头，如图5-11所示运用学生的感知心理，让学生置身于美的氛围中，通过视觉和听觉，发现美和感受美。利用现代的各种手段，增加感知和鉴赏强度，经过时间积累形象美由间接显现转化为直接显现。

(2) 运用不同地域的时代流行语言，培养学生审美想象力和审美理解能力。

流行语言受时代和地域性的限制，每个人的环境背景中有一个流行空间，能够运用流行和预测流行是培养审美想象和审美理解能力的关键。首先，运用采风等手段捕捉不同地域的流行元素，研究其流行发生因素和背景，再运用流行规律直接在原目标的基础上，调动表象积累、拓展，再重新组合，进而创造一种新目标；其次，运用流行趋势主题设计的方式，激发学生创造的激情，为美的对象所感动，产生一种潜移默化的精神力量去创造美，创造美是美育的目的所在，也是审美教育的最高境界，如图5-12、图5-13所示。

图5-9	图5-10	图5-11
图5-12		

图5-9 格林威治大学的校园

图5-10 时尚的商业购物中心

图5-11 城市一角

图5-12 流行趋势主题的预测

图5-13　流行信息发布

(3) 根据生理、心理特点，从个性因素出发，培养学生的审美能力。

从服装作品的色彩、造型、风格及整体效果来看，不同人美的感受是不相同的，而审美感受能力最初受个性因素和环境因素的影响，通过后天的审美教育可能会发生改变。因此要通过教学引导学生发现美、接触美、品味美，他们逐渐懂得什么叫做美。在教学中，通过作品案例分析，引导学生学会欣赏作品中所表达的艺术境界和美学原理，从而唤起他们的美的想象和美的联想，在潜移默化中培养审美能力。

二、服装设计师创新能力的培养

服装是时尚的产物，服装产品的艺术含量和科技水准随着时尚的发展逐步提高，创新的设计元素和流行的咨询信息是服装产业参与时尚竞争的手段，是现代服装业转型升级、提升设计附加值、增强服装品牌市场竞争力的关键。因此服装设计师具有敏锐素质的同时，必须具有创新的精神、创新的思维、主动创新和创造新事物的能力，才能够创造出引领时尚的服装设计作品。

1. 创新精神的培养

创新精神就是人类创造社会和满足需求的原动力，创新精神的培养是实施素质教育的落脚点之一。 在培养学生创新精神的途径和方法中，培养主动思考的习惯，注重创新意识的训练是培养的主渠道，创新实践活动是重要的途径和方法，氛围和谐的环境是重要条件。

(1) 创造校园服装艺术的环境，注重艺术气质的形成，培养设计师的创新个性。

身处艺术化的环境中引导学生有意识地用创新的眼光去注意事物的艺术现象，培养学生对事物的浓厚的好奇心，对问题的敏锐感，强烈的探究愿望和挑战未来的勇气，逐步形成勇于创新的气质。如在校园设置展厅或者展示空间，定期举办作品展示活动，给学生提供一种经常被创新事物而感染的氛围，无意识中会提高学生的创新意识。在受环境感染的同时，教师再给予学生创新艺术的引导，从姊妹艺术、当代艺术、人文艺术等不同的方向进行点拨，这正是形成具有创新意识的典型个性心理特征的最佳途径，如图5-14、图5-15所示。

图5-14　校园展厅

图5-15　校园橱窗

(2) 开展服装艺术创造性活动，增强学生的创新动力。

兴趣是学生力图接近、探究知识的心理倾向，它是体现学生自觉性和积极性的核心因素。在课堂上获得知识的同时，展开创造性的想象活动并使创新想象实物化，这样既取得了课堂成果又挖掘了学生的创新动力因素。服装设计教学实施要从素材中选取典型的案例，激发学生的兴趣，在兴趣的形成过程中，激发学生的求知欲，引起学生的探究活动，进而成为创新的动力。如在课程教学中，要让学生明白主题设计方案的概念，首先进行优秀案例分析，以生动、形象、直接的方式引导学生，使其对方案有进一步探究的兴趣，然后对这些完成方案进行优劣点评，这样使学生在头脑中有明确的设计方案概念。随后展开假设，引导学生深入方案并形成想要研究下去的兴趣，这样在完成假设主题之后，学生已经开始具备想要完成自己的主题设计的动力和兴趣。

(3) 培养主动思考的习惯，注重创新意识的训练。

在服装创意设计中，应通过对服装灵感来源、元素符号分析、结构组合变化等设计活动，使学生在主题拟订、构思想象、元素概括、理念创造等方面，进行创新意识的训练，从而培养学生创新思维的敏捷性、变通性、直觉性和独创性的优良品质，如图5-16、图5-17所示。在学校课程设计中每个学期都要涉及创新设计的训练，从学期层次训练中逐步达到创新递进，让学生时刻都具备着创新设计的冲动和想法。如“服装设计基础”、“女装设计”、“创意思维训练”、“服装创意设计”这几门课程分学期依次完成，创意思维在课程的衔接上得到逐步挖掘和开发，同时形成随时产生创新新意识的习惯，培养了设计师创新品质。

饱满的创新精神和持久的探索热情是创新的动力，培养服装设计师的创新精神就是把创新精神和探索热情这一素质教育的目标深化到课程设置和课堂教学，真正地实现了创新精神和课堂教学的完美对接。

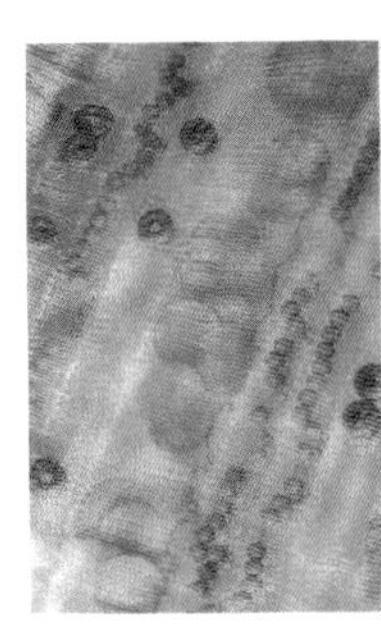
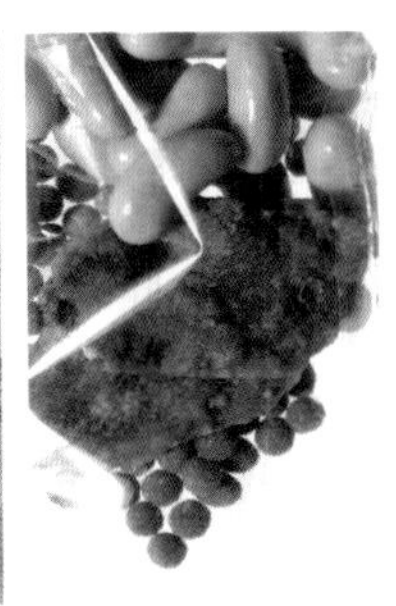

图5-16　灵感来源于缠豆灵感创新应用

图5-17　元素概括创新运用

2. 创新思维的培养

1) 设计思维的方式

设计思维是指完成作品时最初的构思方式，是设计的突破口。在服装设计中常用的思维方式有很多，主要介绍以下几种。

(1)意向思维。意向思维是创新思维方式中常规的，具有明确意图趋向的思维方式，即从已知条件和因素出发，运用多种方案和途径完成设计意图的思维方式。设计师根据设计目的，按照设计流程，层层深入，最后很明确地解决问题。这种思维方式目的性很明确，有很强的逻辑性和推理性，在设计中通常应用于成衣产品设计。这种思维方式的消极性就是不能突破框架去变化创新，思维容易固化。

(2) 发散思维。发散思维在服装设计中应用较多、较广，是指大脑在思维时呈现的一种扩散状态的思维模式，它表现为思维视野广阔，思维呈现出多维发散状。如果说想象是人脑创新活动的源泉，联想使源泉汇合，而发散思维就为这个源泉的流淌提供了广阔的通道。在完成服装设计作品时，运用发散思维穿越已有的设计理念，借助横向类比、跨域转化、触类旁通，使设计思路沿着不同的方向扩散，然后将不同方向的思路记录下来，进行系统调整，把这些多向的思维观念较快地适应、消化而形成新的设计概念。发散思维的主要功能就是为收敛思维提供尽可能多的解题方案。这些方案不可能每一个都十分正确、有价值，但是一定要在数量上有足够的保证，如图5-18所示。

(3) 无理思维。随着社会观念的改变，追求独特化、个性化已成为时尚追求的风标，设计师也会在思维方式中寻找能够完成更加符合这种观念的设计作品。无理思维方式的运用即可达到这种设计方向，它是一种非理性的、随意的、跳跃的、具有灵感突发的思维方式，打破了合理的思路，选择不合理的角度进行思考，对规律提出质疑，对规则进行破坏，是一种幽默、调侃的思维方式。可以把一系列的非理性元素堆积在一起，形成不可思议的效果，如图5-19、图5-20所示。

图5-18 | 图5-19 | 图5-20

图5-18 发散思维设计作品Bora Aksu 2011年秋冬伦敦时装周秀场

图5-19 无理思维设计作品

图5-20 无理思维设计作品Charlie Le Mindu 2011年秋冬发布作品

图5-21 混置品类的逆向思维

(4) 逆向思维。逆向思维是一种反常的思维方式，在设计思路打开的同时，打破原有的设计理念，利用反向特征把设计进行展开化。在设计师原有思路无法解决的时候，主动改变思考角度，从反向或者侧向进行推理设计，最后形成非常别致的设计效果。 服装设计是一种创造、创新的活动，为了达到创新的目的，可以抛弃曾经的设计方法和思路，以及现实的各种设计障碍，即可突破观念，达到设计的独创性。在服装设计领域，从设计和材料到制作都可以运用逆向思维，如品类混置、性别对换、内外更替、方向错位、内衣外穿、驳口领应用于裙或者裤的腰部、将服装缝合线迹外露等都是逆向思维方式带来的结果，如图5-21所示。

2) 创新思维的培养方法

(1) 在模仿的基础上循序渐进，初期可以要求学生以现有服装为参考，借鉴或者稍加改变就构成了自己的设计，足够的模仿和积累自然会擦出创新思维的火花，再进行多种创新思维方式的训练。

(2) 服装作为艺术与技术的产物仅运用常规的思维是不够的，要善于运用多种思维方式，从宏观和微观上结合多种思维方向和多种思维模式交叉发挥其功能，在思维方式应用的基础上进行思维方式的综合创新应用，综合运用将会产生前所未有的独特思维成果。

(3) 在培养学生进行创新思维训练的过程中，还应对学生进行思维成果实物化的训练。服装设计中创新的思维能力多数采用设计图稿的表现方式，众所周知设计图稿和完成实物存在着一定的距离，思维成果的实物化是检验创新思维的标准，是更完善地完成创新思维设计的基础，如图5-22所示。

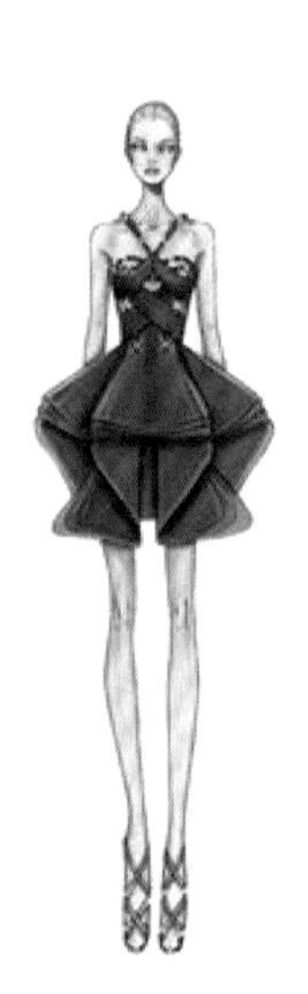

图5-22 设计图稿到实物化

(4) 加强团队合作精神的培养。设计师的特质由生活经历、设计经验、设计环境、文化取向、价值观念等因素组成，并存在不同程度的差异，一件创新思维作品需要团队合作的力量来完成，团队综合能力是展开思维想象的汇总。每个人都在团队中都付出努力的同时也获得营养，也不断地得到知识的补充和创新能力的提升，团队合作精神是完成创新思维训练的重要一步。

任何设计思维结果都是功能与美观的结合。同样的设计思维方式，不同设计师的表现结果可以大相径庭，设计结果存在着无限多样性，受众的视觉需要决定产品的审美标准，而市场反馈是验证成败的关键。

3. 创造能力的培养

创造能力是指运用新思想，创造新事物的能力。它是成功地完成某种创造性活动所必须具备的心理品质。服装创意设计中创造能力是一系列连续的、复杂的心理活动与实施活动的呈现，即运用设计思想和设计元素创新设计主题，通过设计形式和工艺技术，以自己独特的设计方式巧妙地组合、物化，营造出一种全新的设计感觉，这种感觉是同类产品所不具备的，而这种感觉又必须能够得到市场的认可，并且能不断地跟随消费者的需求心理而变化、更新。因此必须加强对服装设计师创造能力的培养。

1) 培养设计灵感一触即发、捕捉与应用的能力

作为服装设计师，创新的设计灵感是完成设计作品的源点，人文世界、海洋天空、天地生灵等都可以成为设计创作的源泉。设计师必须集百家所长、积极主动地从世间万物、空灵细微之处吸取对自己设计有帮助的源点，做到一触即发，及时捕捉，并能成功地应用在自己的设计作品中，如图5-23、图5-24所示。首先要收集身边的所有“灵感概念”，如参观名胜古迹、建筑群、艺术品，或者参加设计大展、艺术博览会等，应用设计师敏锐的触感神经搜集所有可创作元素；接着从收集的概念中整理、归纳，选择能够利用的元素进行灵感发挥和创造性想象，将其转化为独特的思想和观点，如图5-25、图5-26所示。

图5-23　以蛋为灵感源点的创意设计

图5-24　以鸟巢为灵感源点的建筑设计

图5-25　作品主题“醉凰主义”灵感源点的收集

图5-26　主题“醉凰主义”设计作品

2) 培养重构联想空间的创造性能力

一个设计主题如果从不同的思维方向出发就会产生不同的设计思路，如同天空的云运用空间联想可以形成风景、动物、植物等各式各样的画面，然后把这些联想画面重新归纳、组合，就形成新的创造性的观点。例如，一块普通的面料，几乎不能完成创新设计的需求，那么可以把面料的纹路、色彩等展开联想，再进行解构与重组，即形成面料的二次、三次加工，再进行创新设计，将带来更多的创作惊喜。

重构联想空间的方式改变了以往观察角度和思考习惯，尝试着发掘事物的其他层面，从而培养善于进行变革和发现新问题或新关系的能力，使设计理念由量变到质变，最终达到实现设计创造能力的培养，如图5-27所示。

图5-27　以“青花瓷”为灵感源点的不同设计作品

3) 培养设计的借鉴能力，重视设计的流畅性、变通性和独创性

借鉴设计是灵感源点从具象到抽象或抽象到具象的转换过程，是设计师把借鉴对象通过参考、吸收、创新的方法应用到作品的创新设计中。世界各国风情的差异，民族文化的不同，来自物质世界和精神世界的题材，如大到民间风俗、建筑雕塑、民族文化、艺术风格，小到一束植物、一颗种子、一个微量元素等，都可以成为设计师主题设计的借鉴元素。当然设计师除了具备及时捕捉借鉴元素的能力外，还应灵活应用借鉴元素，首先学会鉴赏著名大师应用借鉴设计的艺术作品，解读大师如何把借鉴元素的内涵巧妙地应用到设计作品中的方法，了解借鉴元素引用的途径；应用借鉴元素时，要对借鉴元素的文化概念进行理解和吸收，结合时尚特点，经过归纳、删减、组合等设计方法，使设计作品新颖、流畅，在变通性的前提下更具有独创性，如图5-28~图5-30所示。

图5-28　路易威登借鉴“中国元素”的设计作品

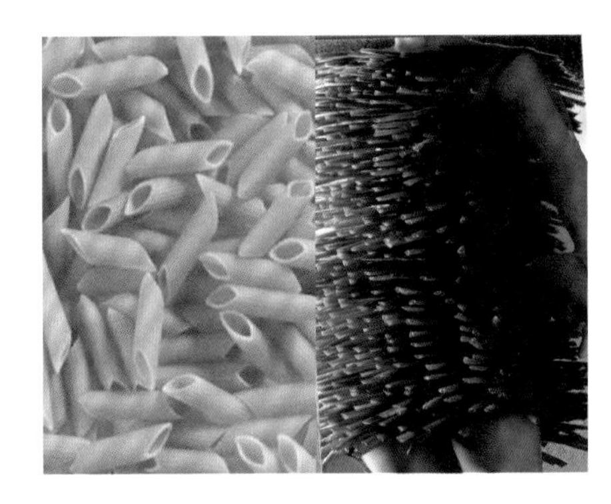

图5-29 | 图5-30

图5-29 借鉴食品“空心粉”的设计作品

图5-30 借鉴实物“软管”设计作品

4) 培养“一体化设计”的实战能力

服装设计是从创意设计想象到设计效果图表现，再到作品实物制作的一系列的过程，很多人误认为把创意设计想象运用效果图的形式表现出来就完成设计了，其实设计效果图表现只是服装设计活动的一部分，只有通过选用面料、结构制版、裁剪缝制等工艺流程，而制作完成设计作品的实物效果才是真正意义上实现了服装的创新设计。因此服装设计师创造能力的培养是创新设计一体化综合实践能力的训练，每一个创新构思都要完成设计方案和运用技能手段实现实物效果，才达到“服装设计一体化”实战能力的培养。如利用设计课程教学环节或者参加服装设计大赛，加强从思维到实物的一体化流程训练，完成设计构思、效果化、实物化的综合能力的培养。

三、服装设计师基本素养的提升

作为一名符合时代需要的优秀服装人才，除了具备一定的专业能力，还应具备合理的知识结构、多学科的文化知识及扩延知识和不断提升知识的能力。因此设计师的培养要广、精、活才能适应时代需求。

1. 服装专业素养

具备服装专业基础素质是成为优秀设计师的基本条件，若脱离专业基础知识，就等于纸上谈兵。服装设计师需要具备以下专业基础知识。

图5-31　服装人体着装绘画

1) 服装人体基本知识

服装是以人为本，在人体上完成的软雕塑。服装设计所面临的对象是各种不同体型的人，作为服装设计师首先要清晰地了解人体的基本结构、基本比例、不同性别和年龄的形体特征，以及人体的运动规律，并且把服装穿着效果运用绘画手段表现出来，如图5-31所示。

2) 服装理论知识

服装是一门科学，已经形成了系统的理论知识体系，主要包括服装史、服装设计学、服装美学、服装材料学、服装结构与工艺、服装卫生学、服装营销学、服装生产管理等。了解和掌握服装理论知识有利于提高服装设计师艺术修养，顺应行业迈向更高的层次，这是设计师的必修课程。

3) 服装材料知识

服装材料是完成服装作品的基本素材，是服装设计活动中不可缺少的构成要素。掌握各类常用服装面、辅料的主要性能、特点及其鉴别方法，培养学生正确选用服装面、辅料，才能帮助学生合理地运用材料来实现自己的设计构想，如图5-32~图5-34所示。

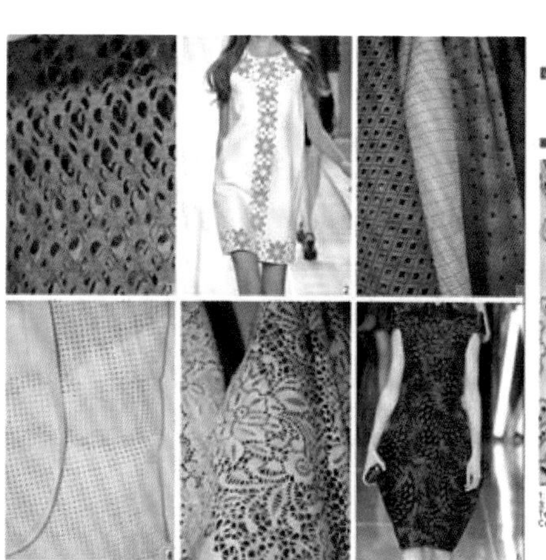

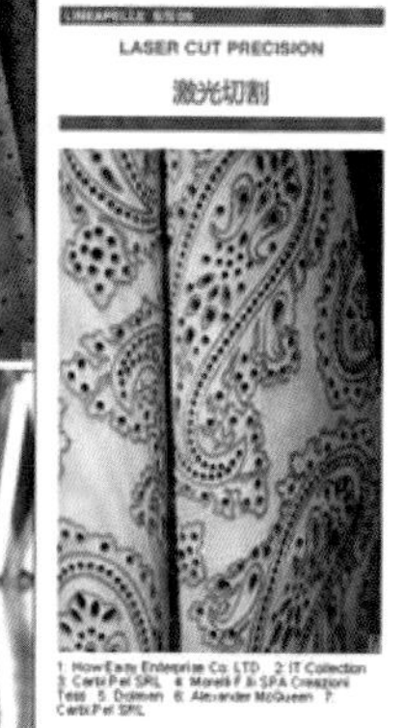

图5-32　服装面料

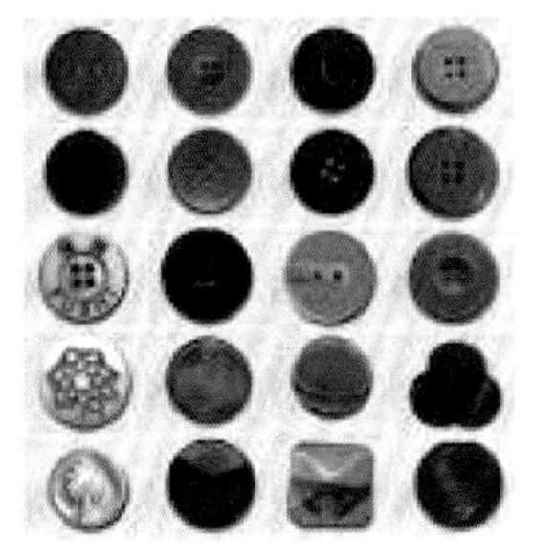

图5-33 服装辅料

图5-34 服装装饰材料

服装材料课程的主要内容有服装材料的基本概念，纺织纤维的分类、性能与鉴别，服装面料的分类、组织、结构及其对面料性能的影响，织物组织概念与鉴别方法，服装面料的主要性能与选用，常用服装面料的使用与保养，服装辅料的作用、分类与选用，服装装饰材料及商标等。

4) 服装结构工艺知识

服装作品必须通过服装工艺技术来实现“实物效果”，设计师必须了解能够实现实物化的工艺技法，如服装裁剪、服装制板、工艺制作、工业化生产知识的专业操作技能，才能运用工艺原理结合自己设计理念完成作品，同时也应该懂得结合自己的作品设计相应的工艺技法，达到完成自己作品的最佳效果。

服装工艺知识包括量体、制图、裁剪、缝制、熨烫等系列化的操作程序，以及立体裁剪工艺操作等。

5) 服装设计效果的表达能力

设计师的设计构想是运用快速的、时尚的绘画表现手段，和恰当的色彩搭配方式科学地、理性地表现出来。因此要具有绘画表现能力，包括手绘、计算机软件绘图技能。熟练的服装整体效果表现技法和服装款式线条表现技能，了解和精通Photoshop、CorelDRAW、CAD、Corelpanter、Illustrator等计算机绘图软件，这是现代设计师需要具备的基本素质，如图5-35、图5-36所示。

服装色彩是表现服装设计视觉效果的主要因素，色彩搭配的好坏直接影响着服装的着装效果。作为设计师必须掌握色彩的基础知识、配色原理和方法，以及流行色等。

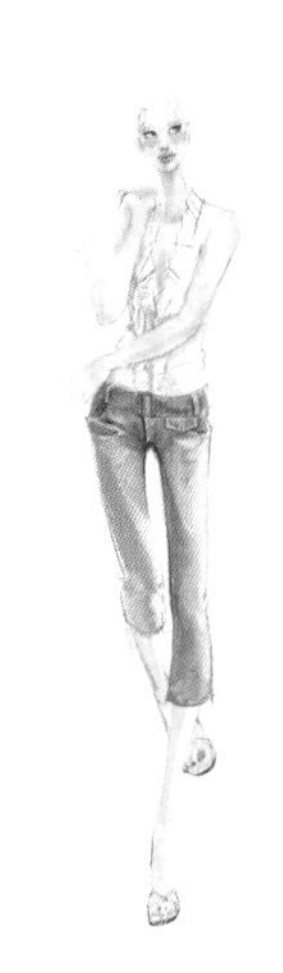
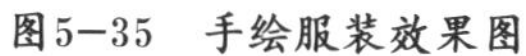

图5–35　手绘服装效果图

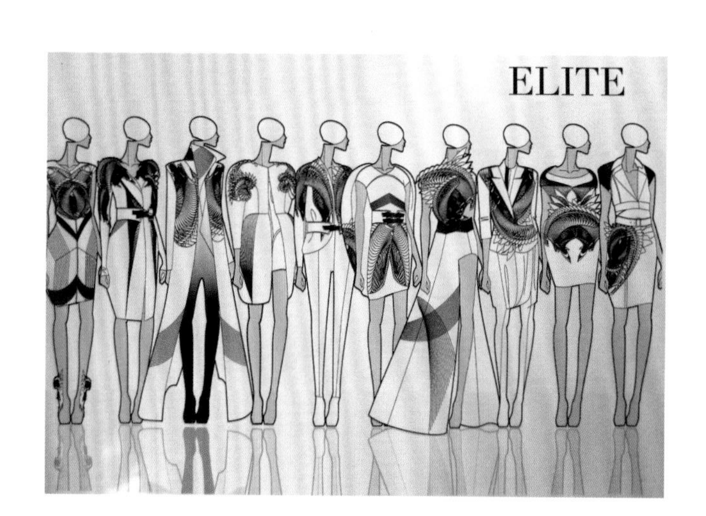

图5–36　计算机软件绘制的服装效果图

2. 人文科技素养

服装是科学、技术与艺术的统一，是人类文明的重要组成部分。它不仅仅是商品，是艺术作品，还是一种文化。每件服装作品中都凝结着一定的审美意识、文化个性和文化素养，展现着时代的文明水平。服装作为时代的综合反映体，是社会发展和人类文明的有机组合。在以信息技术和生命科学为核心的科技革命的时刻，“E”时代的到来和互联网运用，改变了企业的经营管理方式，建立起真正的快速反应系统。对绿色环保的崇尚，对生

图5-37 情绪感科技服装

命的关爱，以及生物材料科学的发展，产生了大批新型的功能化纤维，使得服装面料的科技含量大大提高，如图5-37所示。因此，科技使服装的发展有了一个大的跳跃，在改变着物质世界的同时，也改变着审美取向，是时代发展标志。

服装设计师的科技人文素养的培养需抓住时代脉搏，引导学生树立时尚的人文观念，吸收广泛的科技文化知识，探索前卫的科学技术。服装设计师必须具有较高的人文素养和深厚的文化底蕴，良好的艺术背景和技术背景。要有社会责任感，有社会合作精神，善于发现问题并善于创造性地解决问题，有高尚的情操和审美品位。并且敢于创新、勇于自我提升，才能设计出真正具有生命力的服装作品，把真正时尚、健康、科技含量的文化传播给大众。

3. 服装文化素养的提升

一名优秀的服装设计师应具备以上提到的服装基本专业素养的同时，还应做好服装文化素养的扩展和提升的准备。

(1) 专业知识掌握与专业提升。服装是时尚的表现形式，时尚的流行与变化要通过服装载体及时更新，服装设计师的专业能力也要随着时尚的变化而深入提高。

(2) 跨文化素养的深入与扩大。在国际时尚中，由于各国家、各民族的文化差异使服装在基本要素、装饰手法及穿着观念上因生活方式、审美情趣、价值观不一致而产生“文化障碍”，当然也为开发服装产品市场增加了难度。因此，服装师要抛弃狭隘的民族意识，要深入了解各国家、各民族的传统文化，广泛吸收其文化之长，并能从中提炼出符合当代社会、流行美学及未来发展趋势的内容。同时把这些综合文化应用于创新设计中，完成与国际化时代相适应的、具有国际性的作品。

(3) 市场经济素养(市场调研，消费心理，品牌定位等)的加强。服装是作品、是产品，更是一种商品，必须遵循商品的一般规律。服装的流行性、功能性、设计含量等要经得起市场的挑战，市场的反馈度是设计师成功与否的标准。作为一名优秀市场策划者的服装设计师，市场经济学是必修的课程之一，充分熟知市场运行规律，进行正确的市场定位，了解自己的消费群体需求才是成功地把握市场的关键。

(4) 良好的自身素质和自身的不断发展与完善是服装设计师的必备条件。在激烈的市场竞争中，设计师的自身素质要经得起市场挑战，结合工作环境、管理形式、客户群体进行优化组合，并在经历中不断地自我发展和自我完善。培养良好的服装专业素质的提升不是一个短期的过程，将是一个系统工程，需要形成与服装设计创新发展所需的专业理论、专业体系及必要的硬件设施和资金投入，最后达到层次和环节上的完善。

思考题与训练

1. 什么是设计师的敏锐的创新素质？

2. 如何进行创新能力的培养？

3. 怎样培养设计师的审美能力？

4. 如何培养设计师设计灵感一触即发、捕捉与应用的能力？

5. 创造能力的培养要从哪几个方面入手？

6. 设计师需要哪些服装专业素养？

7. 如何进行服装文化素养的提升？

参考文献

[1] [美]马特·马图斯. 设计趋势之上[M]. 焦文超，译. 济南：山东画报出版社，2009.

[2] [美]黛比·米尔曼. 像设计师那样思考[M]. 鲍晨，译. 济南：山东画报出版社，2010.

[3] 赖声川. 赖声川的创意学[M]. 北京：中信出版社，2006.

[4] [美]罗伯特·J·斯滕博格. 智慧，智力，创造力[M]. 王利群，译. 北京：北京理工大学出版社，2007.

[5] [美]罗伯特·J·斯滕博格. 创造力手册[M]. 施建农，译. 北京：北京理工大学出版社，2005.

[6] 胡小平. 现代服装设计创意与表现[M]. 西安：西安交通大学出版社，2002.

[7] 刘元风，李迎军. 现代服装艺术设计[M]. 北京：清华大学出版社，2005.

[8] 史林. 服装设计基础与创意[M]. 北京：中国纺织出版社，2006.

[9] 刘晓刚，崔玉梅. 基础服装设计[M]. 上海：东华大学出版社，2010.

[10] 鲁闽. 概念服装设计[M]. 北京：中国纺织出版社，2011.

[11] 华梅. 中国服装史[M]. 天津：天津人民美术出版社，1999.

[12] 陈莹. 服装设计师手册[M]. 北京：中国纺织出版社，2008.

[13] 王受之. 世界时装史[M]. 北京：中国青年出版社，2002.

[14] 刘晓刚. 流程·决策·应变：服装设计方法论[M]. 北京：中国纺织出版社，2009.

[15] 李晓鲁. 服装设计[M]. 开封：河南大学出版社，2006.

[16] 邓跃青. 现代服装设计与实践[M]. 北京：清华大学出版社，2010.

[17] 刘元风. 服装艺术设计[M]. 北京：中国纺织出版社，2006.

[18] [英]格里·库克琳. 服装设计师完全素质手册[M]. 吕逸华，王琪，译. 北京：中国纺织出版社，2004.

[19] 段婷. 服装设计实务[M]. 北京：北京理工大学出版社，2010.

[20] 贾云. 服装设计[M]. 北京：人民美术出版社，2008.